區◇塊鏈金術

比特幣×以太坊
ＮＦＴ×元宇宙
大數據×人工智慧

你必懂的新世紀
超夯投資術，別
再只是盲目進場！

吳為——著

本世紀最炙手可熱的技術之一
即將來臨的產業風暴無人能倖免

你搭上區塊鏈這班特快車了嗎？

「真的沒有比這本更容易
理解區塊鏈的書了！」

CONTENTS

目錄

CONTENTS

CONTENTS

PREFACE

前言

從全球來看，包括那斯達克、花旗、Visa 在內的金融產業大咖也向區塊鏈領域大把大把地砸錢，它們聯合投資了一家區塊鏈初創公司 Chain，涉及金額高達 3,000 萬美元；花旗、摩根大通等金融機構還向一家區塊鏈初創公司 Digital Asset 投資 5,000 萬美元。

如今，各方都對區塊鏈表示出極大的關注度，區塊鏈技術正在從一片巨大的藍海轉變為一片巨大的紅海。那麼，區塊鏈憑藉什麼魅力受到了全球關注呢？以金融業票據清算系統為例，區塊鏈將從以下四個方面發揮作用。

第一，消除了票據仲介角色。在應用了區塊鏈技術之後，票據價值可以實現 P2P 無形傳遞，既不需要特定實物作為連接雙方取得信任的證明，也不需要第三方對交易雙方價值傳遞的資訊做監督和驗證。另外，票據交易雙方常常需要透過票據仲介來解決資訊不對稱問題，而借助區塊鏈實現 P2P 交易後，票據仲介的現有職能將被消除。

第二，防範票據市場風險。不透明、不規範以及高槓桿錯配等潛規則使票據市場的風險頻發，參與機構的多樣性和逐利性也加大了這一風險。而區塊鏈技術全網公開、資料不可篡改的特性可以防範道德風險；分散式系統無須第三方仲介的特性完全避免了人為操作風險；自動控制參與者資產和負債兩端平衡且資料公開透明的特性有利於控制市場風險。

第三，建立去中心分布模式的電子商業匯票系統。現有的電子商業匯票系統（Electronic Commercial Draft System, ECDS）是一個中心化系統，其中心為央行，其他銀行和企業透過直連或網銀代理的方式接入央行的中心化登記和資料交換系統。區塊鏈技術將會改變現有電子商業匯票系統的儲存和傳輸結構，建立去中心分散式模式，還能利用時間戳完整反映票據從產生到毀滅

的過程，使每一張票據都可以追溯歷史。區塊鏈建立的全新連續「背書」機制將更加真實地反映票據權利的轉移過程。

第四，降低了市場監管成本。多樣的操作方式使得票據市場的監管變得非常繁雜。監管方式也只能是現場審核，而業務模式和流轉則沒有全流程的快速審查和調閱手段。

區塊鏈的價值具有無限潛力，不僅僅是在重構票據清算系統方面，也不僅僅是在金融領域。而且區塊鏈紅海席捲全球的局勢已經基本建立，各種利好也即將降臨，那些提前進入區塊鏈產業，提供建設區塊鏈經濟最原始資本的人，注定會率先品嘗到區塊鏈帶來的豐厚回報。

本書特色

1．內容全面，結構清晰

本書內容包括區塊鏈的起源、發展、應用以及趨勢預測，並重點講述了區塊鏈在金融領域、物聯網領域、大數據領域、醫療領域、教育領域以及公證領域的應用。而且全書架構清晰，有助於讀者形成框架形式的認知。

2．案例豐富，實戰性強

本書加入很多真實且具有代表性的案例，使內容更加生動有趣。而且案例的加入使理論知識不再枯燥無味，讀者更容易接受其中的觀點。另外，本書理論與實戰相結合，非常適合沒有接觸過區塊鏈的讀者閱讀，幫助他們快速入門，深入理解區塊鏈的價值。

3．語言通俗，更接地氣

新概念、新技術類的圖書總是被作者包裝得很高級，看起來非常厲害，

但實質上卻提高了讀者的理解門檻。而本書傾向於採用通俗易懂的語言為讀者解讀深奧的理論，讓讀者輕鬆理解與區塊鏈相關的理論、應用等知識。

本書內容及體系結構

第 1 章：講述了區塊鏈起源於比特幣，並對比特幣的發行規律、價格變化等作出詳細報告，有助於讀者理解區塊鏈與比特幣的關係。

第 2 章：講述區塊鏈在人類世界的發展現狀，包括各國政府對區塊鏈的積極態度、各大企業對區塊鏈應用的投資以及 2017 年最熱門的 5 家區塊鏈初創公司。

第 3 章：介紹了區塊鏈的四大核心技術，包括具有去中心化創新、資料高度透明、不依賴信任以及資訊可回溯性四大特徵的分散式帳本技術，使用者掌握金鑰以及匿名的非對稱加密和授權技術，參與者共同維護的共識機制、自動控制，以及自動執行數位承諾的智慧合約。

第 4 章：講述了貨幣的進化歷史以及當前三大數位貨幣（比特幣、以太坊和萊特幣）的發展現狀，還將比特幣與以太坊、萊特幣作對比，幫助讀者了解各自優勢。

第 5 ～ 10 章：分別講述了區塊鏈在金融領域、物聯網領域、大數據領域、醫療領域、教育領域以及公證領域的應用，幫助讀者對區塊鏈的價值形成系統認識。

第 11 章：講述了區塊鏈技術與物聯網、大數據、人工智慧等領域深度融合的發展趨勢，並分析了區塊鏈將會顛覆傳統產業、改變人類世界的發展前景。

PREFACE

本書讀者對象

· 各領域企業領導人、高管
· 金融科技企業工作人員
· 數位貨幣相關公司工作人員
· 區塊鏈研究以及開發者
· 對區塊鏈以及數位貨幣感興趣的其他人群

　　參與本書編寫工作的人員還有梁萍、李改霞、趙丹丹、李恬、曾麗佳、李雪霞、李衛霞、李豔霞、李偉光、李曉青、游萬梅、賈雲葉、宋佳佳、龔毅、梁現麗、王遜、魯宗保、李小菊等。

編者

第 1 章
區塊鏈起源

區塊鏈（Blockchain）的本質是一個不依賴第三方、透過自身分散式節點進行資料儲存、驗證、傳遞和交流的網路技術方案，正如一個開放的去中心化的分散式記帳本，任何人在任何時候都可以採用相同的技術標準生成資訊、延伸區塊鏈。當然，大家要想對區塊鏈有深入了解，必須先要知道區塊鏈的起源。

1.1
區塊鏈的發源 —— 比特幣

說到區塊鏈，就不得不提比特幣（BitCoin）。比特幣誕生於 2008 年，這時還沒有人關注區塊鏈。直到 2013 年人們才意識到比特幣在沒有任何中心化機構營運和管理的情況下，依然穩定地運行了將近 10 年，並且沒有出現任何問題。於是，很多人開始注意到比特幣的底層技術，即區塊鏈。本節主要介紹區塊鏈與比特幣的關係。

1.1.1　數位貨幣的龍頭老大 —— 比特幣

數位貨幣包括數位金幣和密碼貨幣，這裡只討論密碼貨幣的範疇。密碼貨幣是一種依靠密碼技術和教研技術來創建、分發和維持的數位貨幣，包括比特幣、萊特幣、維卡幣等。其中，比特幣是密碼貨幣之首。

事實上，密碼貨幣的歷史很悠久，下面來回顧一下密碼貨幣的發展歷史。

1982 年，大衛・喬姆（David Chaum）最早提出了不可追蹤的密碼學網路支付系統，該系統允許一個人發送一串數字到另一個人，而且這個數字可被接收方修改。對加密貨幣的興趣以及荷蘭歷史上對私密性狂熱的態度在很大程度上促使大衛・喬姆遷移到荷蘭。1980 年代末期，荷蘭成了密碼學和數學研究的溫床，而大衛・喬姆也創立了 DigiCash，並繼續建構依託網際網路的加密貨幣的研究。

儘管大衛・喬姆的研究引起了媒體前所未有的關注，但最後不幸的是，大衛・喬姆和他的公司出現了一些失誤，違反了荷蘭中央銀行的規定。而大衛・喬姆作為妥協，不得不同意公司研發的產品賣給銀行。這個調整，給

DigiCash 公司帶來一個好的預期 —— 試圖透過多家銀行來創立一個可行的數位現金領域，但最終在 1998 年破產。

在 DigiCash 引起巨大轟動之後，越來越多的創業者試圖在這個領域開創一番成就。1998 年，Wei Dai 發表文章稱產生了一種匿名的、分散式的電子現金系統，命名為「b-money」。同一時期內，尼克‧薩博（Nick Szabo）也發明了「Bit gold」。Bit gold 與比特幣的機制非常相似，使用者利用競爭解決「工作量證明問題」，然後透過加密演算法將解答的結果串聯在一起公開發布，從而構成了一個產權認證系統。

Bit gold 是人們公認的「比特幣的前身」。隨後，哈爾‧芬尼（Hal Finney）在 Bit gold 的基礎上開發了「可重複利用的工作量證明」。

以上發生的種種引領大家來到了 2008 年。2008 年，「bitcoin.org」域名被悄悄地匿名註冊成功。同年 10 月 31 日，一個自稱「中本聰」（Satoshi Nakamoto）的人在密碼學網站上發表了名為《比特幣：一種點對點的電子貨幣系統》的論文。10 天之後，開源社區 sourceforge.net 上出現了一個叫 bitcoin 的計畫。而世界上首批 50 個比特幣誕生於 2009 年年初。

中本聰在搭建完比特幣體系後似乎就從網際網路上徹底消失了，沒有人見過他的真正面目。此後，比特幣計畫由兩個前 Google 工程師維護，但即便是這兩個人也聲稱從未見過中本聰。

2010 年，bitcointalk 論壇上使用者之間的自發交易產生了比特幣的第一個公允匯率。該交易是一名程式設計師用 10,000 個比特幣購買了一個 pizza。2011 年，維基解密、自由網、Singularity Institute、網際網路檔案館、自由軟體基金會以及另外一些組織都開始接受比特幣的捐贈。2012 年 10 月，全球比特幣付款服務提供商 BitPay 發布報告顯示，超過 1,000 家商家透過他們的支付系統來接受比特幣的付款。

2012 年 11 月，WordPress 部落格平台宣布接受比特幣付款，還聲稱比特

幣可以幫助肯亞、海地和古巴等遭受國際支付系統封鎖地區的網際網路使用者購買服務。2013 年 4 月，海盜灣中文網、EZTV 美劇片源網開始接受比特幣捐款⋯⋯

截至 2017 年，比特幣已經在全球內流行開來。隨後，在比特幣的帶領下，各種密碼貨幣都紛紛嶄露頭角，走入人們的生活。

1.1.2　從「幣」到「鏈」的顛覆

比特幣自誕生之後就陸陸續續吸引了世界各個國家的注意。有了比特幣之後，只要有網路就可以完成 P2P（個人對個人）交易，不需要借助銀行或者其他第三方仲介平台。對於投資人來說，比特幣就像黃金一樣無懼通貨膨脹，具有投資價值。

在比特幣快速發展的這幾年裡，與比特幣有關的資訊一直是人們關注的焦點。比如，比特幣價格的漲跌、某速食店開始接受比特幣支付、恐怖分子使用比特幣交易、哪個國家政府承認比特幣的合法地位，哪個國家反對比特幣等。

之後，比特幣的發展讓其底層技術 —— 區塊鏈 —— 受到了前所未有的關注。人們這才意識到，原來驅動比特幣的真正有價值的核心技術是區塊鏈。 如果說，比特幣對金融秩序的顛覆意義還不夠，那麼區塊鏈則完全有可能顛覆這個世界。

Chain 公司開發了一個以區塊鏈技術為基礎的資產交易平台，該平台可以用於市場上任意類型的資產交易，比如貨幣交易、股票交易、債券交易等；Counterparty、NXT 和 BitShares 基於區塊鏈技術打造的去中心化交易所可以在脫離傳統股票交易所的情況下完成股票發行和交易；Guardtime 正在研究基於區塊鏈技術的工業級網路安全方面的應用；Holbertson 利用區塊鏈技術驗證學生的學歷，防止學生有學歷欺詐行為；Visa 和 DocuSign 致力於透過區

塊鏈技術建構汽車租賃市場新商業模式……

　　未來，如果這些區塊鏈應用全部成為現實並且普遍運用，那麼區塊鏈一定會顛覆我們的世界。到時候，如果美國還想試圖透過金融封鎖的手段制裁一個國家，那麼其難度之大可以想像。

　　區塊鏈之所以具有顛覆意義，是因為它具有以下四個特徵，如圖 1-1 所示。

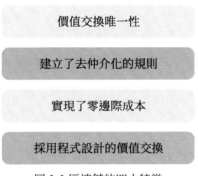

圖 1-1 區塊鏈的四大特徵

　　第一個特徵是價值交換唯一性。價值交換唯一性解決了網際網路 P2P 價值交換時出現的資訊傳遞問題。我們在網上發郵件，發給一個人與發給 100 個人，不會出現明顯的成本增加。而透過網際網路付款時，我們就只能付給一個人。可見，資訊可以無限地複製，但價值交換卻需要保持其唯一性。而區塊鏈就能保證價值交換的唯一性。

　　第二個特徵是建立了去仲介化的規則。這一規則使得網際網路在價值交換中實現了去仲介化，在沒有第三方平台做擔保的情況下，即可用雙方都信任的演算法保證交易。

　　第三個特徵是實現了零邊際成本。因為沒有第三方參與，只是透過一個演算法使雙方建立信任關係，所以這裡交易的成本就特別低，基本可以實現

交易零成本。

　　第四個特徵是採用編寫程式的價值交換。假如我們透過基金會做一次捐款，用途是修建學校，那麼就可以用區塊鏈數位貨幣去支付這筆錢。即在區塊鏈上寫一個小小的程式，把學校的帳戶寫上去，一起寄給基金會。如果基金會不往指定的學校帳戶支付這筆錢，那這筆錢基金會永遠得不到，也匯不出去。在這裡，我們支付的不只是錢，還有一段代碼。

　　以比特幣為首的所有基於區塊鏈技術的密碼貨幣都只是區塊鏈技術的第一個重量級應用而已。以區塊鏈技術為基礎，已經有越來越多的應用出現在我們的視野裡，而它們正在顛覆我們的世界。大家不妨跟筆者一起靜待區塊鏈時代的到來。

1.1.3　區塊鏈與比特幣沒有極客說得那麼複雜

　　關於比特幣，有種非常誇張的說法是「人類已知金錢的終結」。事實上，很多人對比特幣的認知還處於雲裡霧裡的狀態。普華永道事務所的消費者調查資料顯示，對於比特幣熟悉或者非常熟悉的人只有 6%，而 83% 的被調查者表示他們對比特幣非常陌生。

　　與此形成對照的是，「比特幣」這一名詞的搜尋量非常高。以百度指數為例，2017 年 1 月 5 日，「比特幣」的使用者搜尋量達到 80,274 這一峰值。進入 2017 年以來，「比特幣」的搜尋指數變化曲線如圖 1-2 所示。

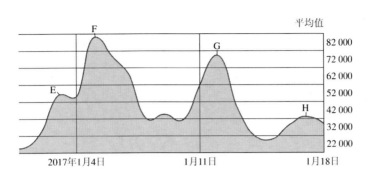

圖 1-2 「比特幣」的搜尋指數變化曲線

　　那麼，比特幣到底是什麼呢？比特幣的本質是一種貨幣，如果你手上有比特幣，就可以按照各外匯市場的匯率用比特幣購買商品。也就是說，這和我們用新臺幣網購以美元標價的產品是一樣的。

　　既然比特幣這樣簡單，為什麼大家還是對比特幣感到茫然呢？這是因為大部分非技術出身的人認為比特幣背後的底層技術區塊鏈是極其複雜的。所以，解釋區塊鏈的運作原理是推廣比特幣的重點和難點。在此之前，幾乎沒有人會在意銀行是如何處理一筆交易的，人們關心的只是帳戶中的具體交易紀錄。但是，比特幣作為一種未被廣泛接受的新事物就必須把一切解釋清楚。

　　眾所周知，一本帳本必須具有唯一確定性的內容，否則就會有真假之分，從而失去參考意義。所以，記帳天然成為一種中心化行為。在技術落後，通訊聯繫不發達的時代，這是必然的選擇。在如今的資訊時代，中心化的記帳方式依然覆蓋了社會生活的方方面面。然而，中心化的記帳卻有一些軟肋：一旦這個中心出現問題，如被篡改或者被損壞，整個系統就會面臨危機乃至崩潰。另外，整個貨幣體系作為一個帳本系統，也會面臨中心控制者濫發導致通貨膨脹的風險。

　　所以說，中心化的記帳方式考驗中心控制者的能力、參與者對中心者的

信任度以及相應的監管法律和手段。那麼，有沒有可能建立一個不依賴中心以及第三方，但是卻可靠的記帳系統呢？

區塊鏈解決了這一難題。在網際網路資訊時代，電腦負責記帳，而在記帳系統中接入的每一台電腦都是一個「節點」。區塊鏈就是以每個節點的算力（運算能力）來競爭記帳權的一種機制。

在區塊鏈系統中，算力競賽每十分鐘進行一次，每次競賽的勝利者可獲得一次記帳的權力，即向區塊鏈這個總帳本寫入一個新區塊的權力。這就導致在一段時間內只有競爭的勝利者才能完成一輪記帳，並向其他節點同步增加新的帳本資訊、產生新的區塊。算力競賽就像購買樂透一樣，算力越高就相當於購買的樂透越多，中獎機率越大。

那麼，算力競賽是如何進行的，判定競賽結果的又是誰呢？區塊鏈的「工作量證明」在這一過程中發揮著重要作用。正如我們早上離開時讓保姆打掃房間，晚上次來發現房間一塵不染，儘管我們沒有看見保姆工作的過程，但可以確定這些工作已經完成。這就是工作量證明的簡單理解，即利用一個人人都能夠驗證的特定結果確認競賽參與者完成了相應的工作量。

當然，贏得算力競賽是有獎勵的，即獲得比特幣。如果沒有比特幣，節點就沒有進行競爭的動力。算力競賽的獎勵也是比特幣發行的過程。這種設計是相當精巧的，它將貨幣的發行與競爭記帳機制完美結合到一起，在引入競爭的同時也解決了去中心化貨幣系統中發行的難題。圈內人士將參與算力競爭試圖獲得比特幣的行為稱為「挖礦」。

作為一個記帳系統，區塊鏈不僅可以記錄以比特幣為首的密碼貨幣，還可以記錄所有能用數字定義的其他任何資產。

如果你還不明白比特幣與你有何關係，那麼你只需要知道比特幣是另外一種形式的錢就行了。

1.1.4 給你一台電腦，你也可以創造比特幣

比特幣如此神奇，很多人都想知道除了直接用錢購買之外，還有沒有其他方法可以獲得比特幣？答案是肯定的。比特幣存在於網際網路數位空間中，隱藏在特定演算法裡，所以只要利用聯網的電腦就能挖掘出來。大家口中所說的「挖礦」就是透過電腦設備運算挖掘比特幣，那些專門透過「挖礦」尋找比特幣的人就是比特幣礦工。

從表面上看，「挖礦」是一個非常簡單的過程，只需要利用電腦下載比特幣挖礦工具，然後讓設備持續運行就能得到比特幣，然後確定帳戶資訊取得對比特幣的擁有權。但是，比特幣在設計之初已經制定好了規則，產生新比特幣的演算法難度會隨著比特幣產生速度的變化而變化。也就是說，礦工挖掘比特幣的速度越快，演算法難度就會越大；反之，難度越小。

根據比特幣挖礦原理可知，電腦的運算能力是挖掘比特幣的關鍵。對於大多數礦工來說，只要打開挖礦主機，然後掛機就可以坐等比特幣的產生。目前，常用的「挖礦」工具有 Ufaso 丘 Coin、Guiminer 等。由於越來越多的人湧入「挖礦」行列中，比特幣的產生也隨著算力的增大而變得緩慢。下面是影響挖礦收益的四大因素，內容如圖 1-3 所示。

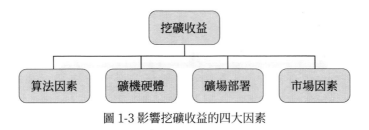

圖 1-3 影響挖礦收益的四大因素

1 · 演算法因素

演算法因素是比特幣本身的特性，不會受到外部因素影響，但是會影響外部因素，包括演算法難度調整週期、每區塊收益等。

2．礦機硬體

礦機硬體是礦工可以透過人力施加影響，從而提高收益的一個因素。一般來說，硬體因素在短期內幾乎沒有什麼變化，而且可預見性、可操作性較高。例如，礦機速度、功耗、成本等，這些因素主要受上游晶片廠商、礦機組裝廠商的影響。

3．礦場部署

礦場指的是比特幣礦工團隊集體工作的環境。礦場部署是礦場和曠工可以透過人力施加影響，從而提高收益的另一個因素，同樣受到上游晶片廠商、礦機組裝廠商的影響，可預見性較高。礦場部署因素包括礦機部署時間、礦場電費、運行保障能力等。

4．市場因素

比起其他三大因素，市場因素的可預見性較低，但是對挖礦收益的影響非常大。比如，比特幣的價格、全網算力成長率、難度成長率等。比特幣的價格在短期內波動較小，但是在中長期內何時會出現暴漲暴跌是難以預測的。全網算力和難度成長率在短期內變化幅度會較大，中長期則是會成長趨勢。

在影響挖礦收益的四大因素中，演算法因素是比特幣自身特性，並制約著其他三種因素；礦機硬體的性能和功耗將隨著技術升級不斷優化；礦場部署的當前趨勢是集中化和規模化，透過總量來降低挖礦成本，提升挖礦收益；市場因素受到宏觀大環境影響，風險和機遇同時存在。

1.2
瘋狂的區塊鏈比特幣

> 如果你還沒有聽說過「比特瘋」這個網際網路詞彙，你就OUT了。「比特瘋」寓意為「瘋狂的比特幣」。作為網路虛擬資產，每一個比特幣的誕生、消費記錄都記錄在區塊鏈上，絕不可能造假。隨著比特幣的流行，比特幣已經可以在大多數國家兌換成為國家法幣。數量有限而且具有極強的稀缺性是比特幣與其他虛擬貨幣最大的區別。

1.2.1　比特幣的發行規律

本章 1.1 節已經說過，比特幣是與區塊鏈一起被中本聰創造的。比特幣的獲得依賴於電腦程式運算。如果你有一台設備良好的電腦，並且對電腦程式略知一二，那麼你就可以下載一個比特幣挖掘軟體，這樣就能在完成特定數學程式後獲得一定數量的比特幣。

比特幣的發行有兩個明顯的特徵：首先，與人民幣、日元、美元不同，比特幣沒有固定的發行方，而是透過網路節點運算產生的，只要具備了相應條件，任何人都可以參與製造比特幣；其次，比特幣的發行是限量限速的，這是因為生產比特幣的軟體演算法運算起來非常困難，而且特解方程組所能得到無限個解中的一組有一定的額度限制，這就決定了比特幣不會無限量發行。

現存的比特幣數量越多，將來挖掘新幣的難度也就越大。截至 2016 年 6 月，現存的比特幣大約有 1,566 萬個。到 2140 年左右，比特幣的產量將達到其上限 —— 2,100 萬個，如圖 1-4 所示。

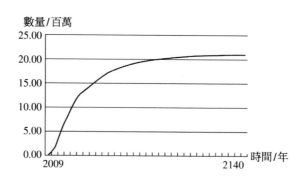

圖 1-4 區塊鏈比特幣數量變化

　　生產比特幣的演算法程式透過四年減半的策略控制比特幣的發行速度與發行量。也就是說，在比特幣剛誕生的 2009 年 1 月～ 2012 年 1 月，約有 1 050 萬個比特幣生成。隨後的時間裡，每四年生產數值就會降低 50%。因此，在比特幣誕生的第 5 ～ 9 年，生產量為 525 萬個，在第 10 ～ 13 年，生產量為 262.5 萬個，並以此類推。這樣，比特幣的現存總量永遠都不會超過 2,100 萬個，而到 2140 年的時候，新的比特幣幾乎就很難找到了。

1.2.2　比特幣歷史價格變化曲線

　　試圖依靠比特幣致富的投資者大有人在，有成功的投資者說：「現在的一枚比特幣是一部蘋果手機，以後將會成為一棟房子。」據了解，中國是比特幣投資交易最活躍的國家，其次是美國和日本。如圖 1-5 所示的是 2009 ～ 2016 年比特幣在中國日交易量的成長情況。

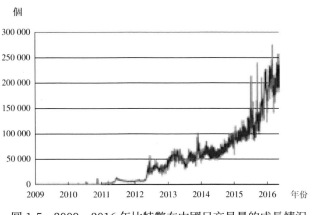

圖 1-5　2009—2016 年比特幣在中國日交易量的成長情況

在比特幣誕生之初，很少有人知道比特幣，而且比特幣當時沒有什麼價值。2010 年 5 月 21 日，第一次比特幣交易，佛羅里達程式設計師拉斯洛‧豪涅茨（Laszlo Hanyecz）用 1 萬比特幣購買了價值 25 美元的 pizza 優惠券。

自 2013 年賽普勒斯發生金融危機後，比特幣的價格開始發生巨大變化。某些歐洲國家的法幣大幅貶值，而比特幣卻突然一路高漲，掀起了炒作熱潮並帶動了整個數位貨幣產業的掘金狂潮。由於比特幣漲價速度過快，拉斯洛‧豪涅茨感嘆說：「pizza 真的很好吃，就是價格有些高。」

2013 年 11 月，比特幣攻破 1,000 美元大關，最高時達到 1,200 美元，並一度接近一盎司黃金的價格，綜合漲幅超過一萬倍，造就了人類歷史最大的投資傳奇。2014 年之後，比特幣市場開始冷靜下來，比特幣的價值持續降低。

2016 年以來，日本國會也批准有關加密數位貨幣的新法案，將數位貨幣視為一種具有貨幣功能的合法支付形式。另外，作為全球金融中心之一的英國也宣布發布數位貨幣 RSCoin 並進行測試。

全球經濟大國對去中心化新金融生態的思考，暗含了當前的投資趨勢與

即將興起的投資熱點。隨著各個國家和金融機構相繼公布對數位貨幣的研究

進度和相關政策，比特幣利好頻傳，又開始走出一幅波瀾壯闊的上漲行情，數位貨幣也掀起新一輪的投資熱潮。截至 2016 年 6 月底，比特幣價格維持在 750 美元元附近，如圖 1-6 所示的是 2009 ～ 2016 年比特幣對美元的歷史價格變化曲線。

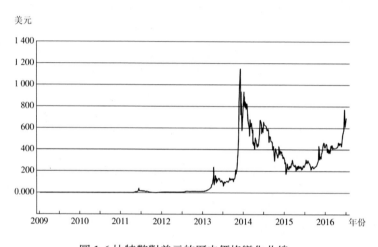

圖 1-6 比特幣對美元的歷史價格變化曲線

看到這裡，你是否會感慨比特幣的爆發力？

1.2.3　價格一個月漲六成，你見過嗎？

2016 年 5 月 18 日～ 6 月 16 日，這是繼 2013 年之後，比特幣價格迎來第二個「大牛市」。僅僅一個月的時間，比特幣的價格暴漲 61.6%。

根據比特幣圖表網站（bitcoincharts.com）收集的資料，比特幣的交易價格從 452.92 美元飆升至 731.89 美元，交易量從 2,608.23 美元上漲到 6,745 美元，交易總價值從 1,184,326.53 美元上漲到 4,860,262.08 美元。

根據比特 2017 年的市場價格運算，市場上的 1566 萬個比特幣的市場規

模約為 109.65 億美元。

　　根據比特幣的發行規律，從 2016 年開始，比特幣又將迎來下一個產量減半時期，這就是比特幣價格暴漲的原因。根據比特幣開源軟體協議的規定，每生產 21 萬個區塊，生產者獲得的比特幣獎勵就會減半。按照當前電腦平均每天開採 154 個區塊的算力運算，截至 2016 年 7 月 10 日，現存區塊達到 42 萬個，也就達到減半的標準。

　　根據火幣網最新使用者調查，有 63% 以上的使用者已經從股票市場、貴金屬交易以及外匯投資轉向了比特幣；80% 以上的使用者在獲悉比特幣減半這一消息後對接下來的行情表示看好；還有 13% 的使用者將持有比特幣當作規避風險的重要手段。

　　隨著區塊鏈技術的發展和成熟，比特幣將再次颳起新一輪熱潮。僅 2016 年第一季度，全球內投資在與比特幣和區塊鏈相關的創業公司的風投資金就達到 1.6 億美元的規模。

1.3
區塊鏈比特幣的價格來自價值，而非投機

　　投機是股市中的一個概念，即購買的目的是賣。在貨幣市場中，英鎊和日元是投機的典型代表，吸引了大量投機者進行短線操作。與英鎊、日元不同，比特幣並不是投機品。因為比特幣的總量有限，就像黃金一樣有保值功能。眾所周知，儘管市場中很少使用黃金作為流通貨幣，但其市值仍然很高，這不只是因為它能夠被製成飾品或金屬元件，還因為人們更看重黃金的保值功能，因此願意買入並持有它，比特幣的價值原理也是這樣。

1.3.1　區塊鏈比特幣儲存於本地

比特幣與虛擬貨幣有很大的不同，虛擬貨幣存在於網際網路伺服器上，而比特幣作為一種字串，存在於電腦、手機或其他本地硬體設備上。下面一起看比特幣與虛擬貨幣的區別。

虛擬貨幣是指網際網路上非真實的貨幣虛擬貨幣包括網站或應用程式發行的專用貨幣和遊戲幣兩種。

大多數遊戲應用程式都有自己專屬的遊戲幣，而且只能在自身的遊戲系統裡使用。在遊戲裡，使用者靠打倒敵人、完成簽到任務或者直接用錢購買等方式積累遊戲幣，而用遊戲幣可購買草藥和裝備。

比特幣是網際網路上的數位貨幣，萊特幣、福源幣等都屬於這種類型的貨幣。數位貨幣既可以用於網際網路金融投資，也可以作為新式貨幣用於生活中的某些場景。

如果使用者擁有一些比特幣的使用權，那麼通常需要一個比特幣錢包去掌管比特幣，例如，PC 端的 Bitcoin-Qt 或者手機端的 Bitcoin Wallet。在比特幣錢包裡，使用者會獲得一個字串位址和 QR code 位址，然後透過這個位址與他人進行比特幣交易。

另外，比特幣是儲存於本地的，所以一旦使用者丟失了這個文件，就無法透過網路找到它。然而與實體貨幣不同的是，比特幣是可以備份的，所以使用者可以在多個地方保存防止文件丟失。除此以外，使用者只要對文件加密，就算別人盜取了比特幣文件也難以使用它。

1.3.2　網路是區塊鏈比特幣的操控者

網路是比特幣的操控者，而不是第三方平台。儘管很多使用者出於信任擔憂選擇利用第三方交易平台進行比特幣交易，但交易平台造成的作用只是

保證兩個位址順利完成，而比特幣的實際流通是匿名而且被整個系統記錄下來的。因此，每個人都可以在 Bitcoin-Qt 這樣的比特幣錢包裡看到任意一筆交易，但是你只能看到一筆比特幣從 A 流向了 B，卻不知道 A 和 B 分別是誰。

網路操控比特幣交易涉及一個重要問題，即怎樣避免發生雙重支付？雙重支付指的是一個人用同一筆比特幣同時與兩個人發生了交易。在實物貨幣世界，由於人們無法複製黃金、紙幣，所以很容易避免雙重支付問題。但是在數位貨幣世界裡，比特幣需要透過一個機制去確保比特幣所有者無法同時與一個以上的人產生交易行為。

為了解決這個問題，比特幣引入了「時間戳」概念。在比特幣區塊鏈系統中，每筆交易在透過某個節點或錢包產生時，都需要其他節點驗證，即每一個節點都能獲知每一筆交易的發生，而且它們有一個公認的交易序列。只有大部分節點都認同這筆交易是首次出現的時候，交易才能發生。也就是說，每一筆比特幣交易都蓋上了「時間戳」，防止重複支付問題。如果有人重複支付，那麼時間就會產生矛盾，系統會自動識別為非法交易。根據一定的利益規則，礦工受利益驅動負責為每一筆交易蓋「時間戳」。

礦工的利益是每 10 分鐘全網只能競爭到的唯一的合法記帳權的獎勵。誰競爭到了，就可以獲得一定數量比特幣的獎勵。同時，全網其他礦工要同步一致它這個記帳，然後競爭下一個區塊記帳權。

以運算資源為代價，區塊鏈透過全網作證重新建立了信用體系，事實上，下一個巨頭最有可能就是一個真正去中心化的系統。

在未來，如果區塊鏈系統的全網公證為我們作證明，那麼資料都是無法作假的。比如，將來我們公證自己和另一半的夫妻關係，這將會在幾分鐘之內成為全網公開的事實。如果有人想要篡改你們的關係，除非他擁有整個系統超過 50% 的算力，但這幾乎是不可能的。

1.3.3　供不應求決定區塊鏈的超高價值

當供不應求時，價格上漲，產品的價格是在產品的市場需求和市場供給兩種相反力量的相互作用下形成的。產品的均衡價格指的是該產品的市場需求量和市場供給量相等時的價格。與均衡價格水準相對應的供求數量就是均衡數量。

在供給等其他條件不變的情況下，需求變大，均衡價格則上漲，均衡數量同向變動；在需求等其他條件不變的情況下，供給變動分別引起均衡價格的反方向變動和均衡數量的同方向變動。

總而言之，產品的價格與其需求呈正相關，與其供給呈負相關：供給一定，需求增加，則價格上升，需求減少，則價格下降；需求一定，供給增加，則價格下降，供給減少，則價格上升。如果需求和供給同時發生變化，均衡價格和均衡交易量也會發生變化。需求和供給的同時變化，有同方向變化（需求和供給均增加或均減少）和反方向變化（需求增加而供給減少，或需求減少而供給增加）、變動幅度不同（需求的增減大於或小於供給的增減）等情況。

匹配上述所說的供求關係，因為比特幣的供給總量一定，但是人們對比特幣的需求在日益增大，所以區塊鏈的價格將會越來越高。

第 2 章
區塊鏈 ——
必將顛覆人類世界

　　大家應當都聽說過這種說法，區塊鏈必將顛覆人類世界。現在很多人都很看好區塊鏈的潛力，但是也擔心它遭到各國政府捧殺。而且技術創新領域的成功經驗也告訴我們，只有消除政府管控、組織和社會等各個方面的障礙，才有可能真正開創區塊鏈革命。如果對區塊鏈占領高地的過程一無所知，就開始區塊鏈創新是不理性的。下面一起看區塊鏈在全球內的發展以及各國政府的態度。

2.1
區塊鏈的春天 ── 各國積極表態

> 比特幣受到眾人追捧後，各國政府更加關注的是比特幣的底層技術區塊鏈。當各國政府逐漸認識到區塊鏈在各個領域的巨大潛力後，有些政府甚至已經開始了區塊鏈的應用計畫。下面先看一下各國政府對區塊鏈的積極表態。

2.1.1　中國央行表態支援區塊鏈

2016 年以來，以比特幣為代表的數位貨幣受到各國關注，各國政府紛紛採取行動。2016 年 1 月 20 日，中國央行數位貨幣研討會在北京召開，並表示將爭取早日發行央行數位幣。

中國央行表示，基於區塊鏈技術的數位貨幣有望實現去中心化結算。而且透過央行的表態可以發現，央行對區塊鏈技術有著客觀、深刻的理解，而且肯定了區塊鏈技術比現有的電子貨幣優勢更大。此前，大家擔心政府監管部門不會認可區塊鏈，阻礙區塊鏈的推廣，此次表態打消了市場疑慮。與此同時，資本市場對區塊鏈的認可度將會進一步提升。

中國央行前任副行長王永利指出：「數位貨幣是應用網際網路新技術建構全新的貨幣體系下的貨幣，這必將對傳統的貨幣發行、貨幣政策、清算體系、金融體系等產生極其深刻的影響。同時，新的貨幣體系與傳統貨幣體系、新的金融體系與傳統金融體系如何平穩過渡值得關注。」

2017 年 2 月 4 日，中國央行推動的區塊鏈數位票據交易平台測試成功。

而且中國央行旗下的數位貨幣研究所也在 2017 年上半年正式掛牌成立。這意味著中國央行將成為全球內首個研究數位貨幣及真實應用的中央銀行，

並率先探索了區塊鏈技術在貨幣發行領域的應用。

那麼，中國央行建立區塊鏈數位票據交易平台對我們的現實生活有什麼影響嗎？答案是肯定的，大家可以想像一下：不久，過年發紅包不再是紙本鈔票，而是一串串的數位密碼，我們可以透過發送郵件、複製到隨身碟裡。

你或許會問了，這跟用線上支付工具支付不一樣嗎？需要明確的是，數位貨幣與電子支付方式的感受類似，但是電子支付方式交易時所用的錢都是透過銀行帳戶而來，也就是說即便用電子支付我們使用的依然是銀行裡的鈔票。而數位貨幣本身就是一種具有支付和流通屬性的貨幣，交易時不需要電子支付等第三方仲介。

中國央行為什麼要開發數位貨幣？為什麼將票據市場作為數位貨幣的第一個試點應用場景？區塊鏈可靠嗎？如果你心中存在這些疑惑，那麼看看央行參事盛松成如何說。

關於中國央行開發數位貨幣的原因，盛松成稱：「區別於已有的電子形式的本位幣，安全晶片、行動支付、可信可控雲端運算、區塊鏈、密碼演算法等技術是將來數位貨幣可能涉及的領域。所以，未來的央行數位貨幣會從多個方面倒逼金融基礎設施建設，讓中國支付體系進一步完善，支付結算效率進一步提升。更值得一提的是，央行數位貨幣最後可以構成大數據系統，讓經濟交易活動的便利性和透明度進一步提高，這將有利於貨幣政策的有效運行和傳導。」

另外，盛松成還總結了央行開發數位貨幣的四個好處，如表 2-1 所示。

表 2-1 央行開發數位貨幣的四個好處

第一	有利於減少洗錢、逃稅漏稅、逃避資本管制等非法行為
第二	所具有的資訊優勢使貨幣指標準確性更高
第三	有利於監管當局進行全面監測和金融風險評估
第四	完善了中國貨幣政策的利率傳導

　　第一，數位貨幣有利於監管當局追蹤資金流向，減少洗錢、逃稅漏稅、逃避資本管制等非法行為。盛松成表示：「現有的數位貨幣技術不僅可以記錄每筆交易，還可以追蹤資金流向。與私人數位貨幣截然相反，監管當局可以採取可控匿名機制，掌握央行數位貨幣使用情況，補充現有的監測控制體系，從而增強現有制度的有效性。」

　　第二，數位貨幣所具有的資訊優勢使貨幣指標準確性更高。對此，盛松成解釋說：「央行數位貨幣形成的大數據系統，不僅有利於提升貨幣流通速度的可測量度，還有利於更好地運算貨幣總量、分析貨幣結構，這將進一步豐富貨幣指標體系並提高其準確性。」

　　第三，數位貨幣有利於監管當局進行全面監測和金融風險評估。盛松成稱：「央行數位貨幣被全社會普遍接受並使用後，整體的經濟活動的透明度會大幅度提高，監管當局可以根據不同的需要收集不同機構、不同頻率的完整、即時、真實的交易帳本，這就可以為貨幣政策和宏觀審慎政策提供龐大的資料基礎。」

　　第四，數位貨幣技術完善了中國貨幣政策的利率傳導。盛松成表示：「只有被全社會廣泛認可的央行數位貨幣才可以把此優勢輻射給不同的金融市場參與者，進而提升不同金融市場間的資金流動性和單個金融市場的市場流動性。這將降低整個金融體系的利率水準，使利率期限結構更平滑，貨幣政策利率傳導機制更順暢。」

　　綜上所述，中國央行開發數位貨幣的目的不僅僅是取代紙幣現金流通，還是適應形勢發展、緊跟時代潮流，保留貨幣主權的控制力，對貨幣發行和貨幣政策產生積極的服務作用。

2.1.2　美國政府機構加快布局區塊鏈技術

　　前聯準會班・伯南奇（Ben Bernanke）曾經表示，比特幣以及其他數位貨

幣有可能與現有的線上支付系統一樣擁有長期的前途，未來或許可以建立起一個更快的、更安全的以及更有效率的支付系統。另外，班·伯南奇也對數位貨幣表示擔憂，認為數位貨幣有可能帶來執法與監管方面的問題。

2013 年 10 月，美國政府關閉了僅使用比特幣交易的線上黑市購物網站絲路（Silk Road）。一個月後，美國國土安全和政府事務委員會召開了一次聽證會，對搗毀比特幣「地下錢莊」絲路一事展開調查。「絲路」事件導致比特幣的價格大幅下降，然而美國聯邦政府機構（包括美國司法部和財政部等）在對國土安全和政府事務委員會的致信中稱，「比特幣線上支付系統所提供的金融服務是合法的」。

美國政府對比特幣金融服務的合法表示肯定，表明他們在對待數位貨幣上的態度由抵制轉向了認可與鼓勵，這也使比特幣價格再創新高。然而在此之前，美國政府一直強調比特幣使洗錢以及其他非法活動更加活躍。下面是美國政府 2016 年在區塊鏈領域的布局。

2016 年 4 月，美國國防部先進計畫研究局宣布正在研究基於區塊鏈技術的安全資訊系統，用於傳播加密資訊。

2016 年 6 月，美國國土安全部對六家致力於政府區塊鏈應用開發的公司補貼 60 萬美元，讓企業研究政府的資料分析、連接設備和區塊鏈。

2016 年 7 月 29 日，22 名美國參議員致函聯準會要求對區塊鏈進行指導。

2016 年 9 月 12 日，美國眾議院通過了一項要求支援區塊鏈技術的無約束力的決議。

2016 年 9 月 14 日，美國眾議院議員大衛·史懷克（David Schweikert）提出區塊鏈被視為解決退伍軍人事務部管理問題的解決方案。

2016 年 9 月 28 日，聯準會主席珍妮特·葉倫（Janet Yellen）透露美國央行正在研究區塊鏈技術。

2017 年 1 月 19 日，據火幣區塊鏈研究中心編譯，區塊鏈成 2017 年度美國聯邦貿易委員會金融會議議題。文章稱：「近日，美國聯邦貿易委員表示，將會在 3 月 9 日舉行一次金融科技集會，部分議程將圍繞區塊鏈科技及其對於消費者的影響。據週五發布的消息，金融科技論壇（美國商品貿易第三大監管機構）將會就區塊鏈和人工智慧為主題展開討論。該組織在去年連續舉辦過兩場活動，主題集中在眾籌和 P2P（點對點）支付。根據美國聯邦貿易委員會，該活動將重點關注區塊鏈及人工智慧對於消費者的意義，以及兩者的影響。」

金融科技論壇在聲明中說道：「我們舉辦這個為期半天的活動目的是聚集產業參與者、消費群、研究人員和政府代表，審視區塊鏈和人工智慧在技術發展進步中被應用於為消費者提供服務、潛在利益及消費者保護等方面的意義。」

美國政府機構加快布局區塊鏈將會帶動更多國家擁抱區塊鏈，有利於區塊鏈技術在全球內的推進和發展。

2.1.3　日本視區塊鏈比特幣為現金

2014 年 6 月 19 日消息稱，日本執政黨自由民主黨（以下簡稱自民黨）表示，暫時不對比特幣進行監管。其實，2014 年 2 月 25 日，全球最大比特幣交易平台 Mt.Gox 正式向法院申請破產保護，估計比特幣損失約合 4.8 億美元。2015 年 8 月，Mt.Gox 的 CEO（執行長）被捕。日本是第一個遭受巨額比特幣損失的國家，此後，日本政府開始考慮比特幣監管事宜。

2016 年 2 月 29 日，日本自民黨計劃提交認可比特幣及其他加密貨幣貨幣身分的議案。一旦議案順利透過，比特幣將獲得合法的貨幣地位以及更多的數位貨幣基礎建設投資，同時也將受到更嚴格的監管並納稅。

日本此項議案是 2016 年以來首個國家對比特幣身分的表態。在此之前，

已經有多個國家在 2015 年對比特幣的態度發生了變化。2015 年 9 月，美國商品期貨交易委員會（CFTC）正式將比特幣納入大宗商品範圍內，並對其進行有序監管。隨後，眾多不合規的比特幣交易平台受到了美國監管機構的制裁。另外，包括英國和瑞士在內的歐洲多個國家等都免除了比特幣的增值稅。俄羅斯央行也在 2015 年上半年轉變了態度，開始商談比特幣的流通和監管。

2016 年 5 月，日本通過了制定比特幣等數位貨幣規則的資金結算修正案，並將數位貨幣定義為可用作結算的財產，數位貨幣與現金進行兌換的交易所將啟用登記制度。自此，比特幣像現金一樣在日本境內流行開來。

日本最大比特幣交易所 Coincheck 的業務發展主管 Kagayaki Kawabata 表示，資金結演算法修正案的實施後將使得比特幣成為媒體的新寵兒，推動日本的新趨勢。如今，人們已經逐漸改變了舊有的觀念，不再僅僅將比特幣作為投資工具，而是將比特幣用於交易。

截至 2017 年 1 月初，在日本大概有 5,300 個商家及網站支援將比特幣作為付款方式，其中 99% 的商家及網站使用 Coincheck 付款。與此同時，與 2016 年 1 月相比，比特幣的月交易金額暴漲了 89 倍。

在過去，比特幣被認為是極客（geek）的玩具，但現在它的地位正在發生變化，比特幣作為數位貨幣的合法地位已經被認可。這種觀念的轉變將會促使越來越多的人使用比特幣或其他數位貨幣進行交易，這也是比特幣以及其他數位貨幣交易量發生顯著成長的主要原因。

Kagayaki Kawabata 對比特幣的未來也非常樂觀，他認為：「比特幣交易量飆升的原因很多，並非偶然事件。尤其是許多大型公司和銀行開始對電子貨幣產生極大的興趣，並開始嘗試區塊鏈技術，預期未來幾年電子貨幣將大幅成長。」

2.1.4　英國央行成公認最「積極」央行

在全球內，對區塊鏈技術最感興趣的央行非英國央行莫屬。英國央行對區塊鏈技術的研究與探索非常積極。2016 年 1 月，英國央行發表題為《分散式帳本技術：超越區塊鏈》的報告。

報告指出，英國央行正在探索類似於區塊鏈技術的分散式帳本技術，並且對區塊鏈技術在傳統金融業中的應用潛力進行了全方位分析。另外，英國央行認為，去中心化帳本技術重新定義了政府和公民之間的資料共享，在改變公共和私人服務領域有著巨大潛力。

與此同時，英國央行已經建立起一個技術團隊專門研究區塊鏈，其行長馬克·卡尼（Mark Carney）在 2015 年 9 月也曾表示，正在考慮發行數位貨幣的可能性。

關於數位貨幣的研究和技術開發，英國央行一直都在祕密進行中。至於發行國家級數位貨幣的結果是好是壞，還需要用事實進一步驗證。

2016 年，英國央行正式宣布創造數位貨幣的計畫，並將該數位貨幣稱作「RSCoin」。RSCoin 與比特幣有很多一樣的地方，比如，兩者都是使用區塊鏈技術來進行管理的。事實上，區塊鏈對所有的數位貨幣來說都是必不可少的。

儘管 RSCoin 與比特幣的特性相似，但是兩者也存在一些區別。其中，最關鍵的區別是英國央行無法控制比特幣的發行與供應，而 RSCoin 的貨幣供應則是在英國央行內部集中化的。這就意味著英國央行將會創造出 RSCoin 的每個組成部分。這種集中化的貨幣供應方法要求英國央行必須控制區塊鏈的簿記。

英國央行創造 RSCoin 的目的有兩個：一是，透過 RSCoin 使交易活動高效進行，降低交易成本，增大能見度；二是，增強市場信心，並由英國央行

對其進行監管,從而降低數位貨幣帶來的不良影響。英國央行之所以有可能對這種貨幣進行監管,則是由於區塊鏈技術。

英國央行對數位貨幣充滿了信心,英國央行的一份季度公告表明了其所看重的重點問題。公告稱:「數位貨幣的關鍵創新在於『分散式總帳』,它允許一種支付系統以一種完全分散化的方式進行運作,不需要銀行等中間人。」從這一方面來說,數位貨幣與當前以電子方式來進行記錄的傳統貨幣相差不多。

當前,英國央行將推廣 RSCoin,讓 RSCoin 在更廣泛的範圍內得到認可作為主要目標。從這一角度來說,區塊鏈技術的支援是非常重要的。區塊鏈由英國央行控制將會增強使用者對 RSCoin 的信任度。另外,對於以比特幣為首的數位貨幣所面臨的數量限制來說,RSCoin 是一種可擴展的解決方案。此前的數位貨幣在發行總量上受到限制,而 RSCoin 可以隨著經濟的成長而擴大發行量,這就是 RSCoin 的魅力所在。

比起傳統貨幣,數位貨幣的貨幣供應量可以馬上受到通貨問題的影響,而傳統貨幣的反應較慢。

英國央行積極研究區塊鏈技術,開發數位貨幣的根本原因在於英國央行試圖尋求支付系統的創新,並透過占據區塊鏈技術發展的先機奪回國際金融中心的地位。

另外,銀行自動清算業務系統作為英國所有銀行進行轉帳的主要方式,在 2014 年 10 月曾經中斷服務長達九個小時。英國銀行自動清算業務系統發生的若干次故障也推動了英國央行對區塊鏈技術的探索研究。

無論英國央行積極探索區塊鏈技術的原因是什麼,英國央行的行為都對區塊鏈技術在全球內的發展造成巨大推動作用。事實上,英國央行已經在某種意義上承認了區塊鏈技術對銀行生態系統建設的有利作用。與此同時,我們期待英國央行對區塊鏈的研發取得進一步成果。

2.2
區塊鏈應用的全球進展

在各國政府積極支援的情況下，區塊鏈在全球內的發展現狀有著非常良好的氛圍，這也使區塊鏈技術越來越被大眾所關注。區塊鏈有著非常強大的生命力，正在由外而內地滲透進各行各業。下面一起看區塊鏈應用的全球進展情況。

2.2.1　華爾街各頂級投行對區塊鏈趨之若鶩

高盛集團（Goldman Sachs）是華爾街頂級投行之一，總部在美國紐約。作為世界財富 500 強企業之一，高盛集團的業務範圍涵蓋投資銀行、證券交易和財富管理。高盛在香港設有分部，並分別在美國、亞太地區和歐洲 23 個國家和地區設有 41 個辦事處。

2016 年年初，高盛發布報告表示，區塊鏈技術已經做好準備要顛覆這個世界。此前，高盛已經和中國 IDG 資本聯手向區塊鏈創業公司 Circle Internet Financial 投資 5,000 萬美元。

2016 年 5 月底，高盛發布《區塊鏈：將理論應用於實踐》報告，展示了區塊鏈將在金融服務、共享經濟以及房地產領域如何大顯身手。

作為比特幣的底層技術，區塊鏈對傳統技術的突破在於建立了以 P2P 為基礎的去中心化新體系。區塊鏈系統的去中心化使整個網路內的自證明功能成為現實，由中心化的第三方機構進行統一的帳本更新和驗證已經成為過去。

產業人士稱，比特幣是區塊鏈技術的第一個應用，比特幣良好的發展狀態證明區塊鏈透過去中心化和去信任的方式集體維護一個可靠資料庫的方式

是可行的。很多華爾街投行都對區塊鏈技術表示相當看好，而高盛只是其中之一。

在長達 88 頁的《區塊鏈：將理論應用於實踐》報告中，高盛開篇稱：「關於區塊鏈技術的討論，在過去一直都是抽象的，關注的焦點也都是市場去中心化以及去第三方仲介的機會，現在我們將關注重點從理論轉向實踐，研究區塊鏈技術在現實世界中的應用場景。」高盛關注的區塊鏈應用有五個，分別是建構信用體系、實現分散式供電網路、降低房地產交易成本、提高股票交易結算和清算效率、用於客戶身分核驗。

自 2016 年以來，除了高盛以外，華爾街其他頂級投行也紛紛向區塊鏈技術拋出橄欖枝。前摩根大通高管、信用違約互換（CDS）之母布萊斯・馬斯特斯（Blythe Masters）加入數位貨幣公司 Digital Asset Holdings，出任 CEO；包括那斯達克、花旗、Visa 在內的金融產業大咖也向區塊鏈領域大把砸錢，它們聯合投資了一家區塊鏈初創公司 Chain，涉及金額高達 3,000 萬美元；花旗、摩根大通等頂級投行還向區塊鏈初創公司 Digital Asset 投資 5,000 萬美元。

2016 年 1 月，由 10 多家國外大型銀行組成的區塊鏈聯盟 R3 CEV 對外宣稱已經成功實現了區塊鏈技術，在虛擬實境（VR）環境下，區塊鏈技術已經初步實現了銀行和銀行之間的即時交易。未來金融產業的操作標準很有可能就此誕生。區塊鏈聯盟 R3 CEV 成員包括花旗銀行、富國銀行、匯豐銀行、瑞士信貸銀行等國際著名銀行。

華爾街投行們為何對區塊鏈技術趨之若鶩呢？透過資料分析可知，2016年第一季度，華爾街投行們的 FICC（固定收益證券、貨幣及商品期貨）主營業務收入總額為 178 億美元，比 2015 第一季度的 248 億美元下滑了 28.23%。而對比過去五年，這一主營業務的收入總額更是下滑了 49%。

很明顯，華爾街投行們正經歷著主業萎縮的艱難時刻。主營業務萎縮帶來的負面影響就是必須透過大規模裁員以縮減成本。從 2015 年第一季度到

2016 年第一季度，華爾街投行們的 FICC 部門已經從 19,200 人降至 18,300 人，幅度達 5%；在過去 5 年裡，FICC 部門總共裁減了 32% 的員工。

在這種情況下，華爾街投行們都試圖透過區塊鏈新技術帶來的機遇進行自我拯救。

截至 2016 年，高盛、摩根大通、花旗銀行、那斯達克、瑞銀集團、桑坦德銀行、巴克萊銀行、德勤會計師事務所等都成立了區塊鏈實驗室，布局這一領域。區塊鏈技術的應用實驗已在證券、銀行、審計等產業陸續展開。

瑞銀集團區塊鏈技術實驗室的 PeterStephens 稱：「瑞銀集團在區塊鏈上已試驗了 20 多項金融應用，包括金融交易、支付結算和發行智慧債券等。」瑞銀的第一個實驗是基於區塊鏈技術的智慧債券，接下來，瑞銀將在積分卡計畫推進區塊鏈應用實驗。

德勤亞太區投資管理產業合夥人秦誼表示：「區塊鏈技術解決了審計產業歷來在滿足公眾要求、滿足監管部門要求方面的難點，能夠保證所有財政資料的完整性、永久性和不可更改性，幫助審計師實現即時審計，提高審計效率。」

另外，那斯達克已經在私人市場啟動了區塊鏈技術在股票市場的應用測試。那斯達克將會利用區塊鏈技術處理私營公司股票交易的大量非正式系統，比如需要律師手動驗證電子表格等。

2.2.2　區塊鏈技術應用前景無限擴張

看一下下面的生活場景：我們乘坐的飛機航班是透過網路預定的，飛機降落後我們使用 Uber 叫到一輛專車，10 分鐘後我們到達在 Airbnb 上預訂好的酒店房間，這裡地理位置非常好，就在明天開會會場的附近……這種方便快捷的商務旅行生活已經成為一種常態，只要使用當今眾多的標誌性行動應用就可以實現，比如 trivago、Uber、Airbnb 等。在行動網路時代，這些應用

幾乎如影隨形。

我們想像一下 10 年後的 2027 年，區塊鏈技術改變了我們的生活，我們可以立即找到提供各種服務的供應商，交易過程更加快捷，不需要借助任何第三方平台。

在未來世界裡，區塊鏈使使用者獲取所有服務的通路都處於同一個網路中，就像郵件一樣採用 P2P 的方式，從而省去加入第三方平台的繁冗手續。而且這個網路中的資訊互動都是透過分散式運算引擎上運行的加密演算法自動完成的，不會受到任何個體或組織的控制。

在這種環境下，區塊鏈將各種行動應用背後的複雜機制轉變成了更完美的系統，幫助使用者預訂飛機票、訂車、訂酒店，順便為使用者提供幾首你喜愛的音樂。

P2P 基金會的核心成員以及都柏林聖三一學院的講師 Rachel O'Dwyer 表示：「區塊鏈創造了一種可信的數位貨幣和會計系統使人們不必向聯準會這樣的集中式媒介求助。」

非營利公共信託組織 XDI.org 的網路主席菲爾・溫德利（Phil Windley）認為：「區塊鏈非常複雜，這是因為人們希望透過區塊鏈技術解決的問題也很複雜。回想一下 1980 年代的光景，當時的人們如果想要給一些電腦建立區域網的話，面臨的網際網路協議也是異常複雜的。當然，與區塊鏈相比，那些協議還是更簡單一些，但是在當時的技術背景下，那就與區塊鏈一般複雜。」

對於區塊鏈技術應用普及的時代，菲爾・溫德利非常期待：「區塊鏈能夠讓我們把所有事物都納入系統，而不需要任何一家公司作為中間人。當然，公司不會因此全部消失，但是有了區塊鏈技術的應用以後，使用者就可以隨意更改提供商，所有的服務都能互用。代碼全部都是開源的，沒有任何一個特殊的組織可以獨占某些資源。有了區塊鏈以後，我們甚至有能力營運自己

的伺服器。」

　　關於區塊鏈的發展與應用，普遍的說法是將其劃分為區塊鏈 1.0、區塊鏈 2.0 和區塊鏈 3.0 三個階段。區塊鏈 1.0 是指以比特幣為代表的數位貨幣應用時代；區塊鏈 2.0 是指區塊鏈技術在股份、債權、版權、產權等金融領域的擴展應用；區塊鏈 3.0 是指區塊鏈應用擴展到金融產業之外的司法、醫療、物流等各個領域，全面覆蓋人類社會生活，實現資訊共享，而不再依靠第三方獲得或建立信用。

2.3
最熱門的 5 家區塊鏈初創公司

　　在 2015 年年底，比特幣區塊鏈受到了眾人的質疑。因此，2016 年對比特幣來說是至關重要的一年。在比特幣沒有被廣泛認可的情況下，有 5 家區塊鏈初創公司大力開展比特幣業務，開發比特幣相關應用程式計畫。對比特幣的未來發展產生了巨大影響，成為這些年最熱門的 5 家區塊鏈初創公司。

2.3.1　「隱形的比特幣公司」──Blockstream

　　Blockstream 是由在比特幣領域內做出過重要貢獻的比特幣愛好者成立的，他們試圖透過「側鏈」機制來擴展比特幣區塊鏈的能力，將比特幣的區塊鏈技術應用到包括數位貨幣、開放資產和智慧合約在內的其他資產類型。

　　2014 年 11 月 18 日，Blockstream 正式宣布獲得 2,100 萬美元的種子輪融資，資金將會用於探索側鏈機制上。

Blockstream 官網的公告顯示，此輪融資的投資人分別是 LinkedIn 聯合創始人雷德‧霍夫曼（Reid Hoffman）、曾投資比特幣 API 開發者 Chain 的科斯拉風險投資公司、加拿大種子基金 Real Ventures 等共計 40 位投資者。

Blockstream 的 CEO 奧斯汀‧希爾（Austin Hill）表示，Blockstream 之所以能夠成功融資是因為高科技技術產業逐漸認識到比特幣區塊鏈的巨大潛力。奧斯汀‧希爾稱：「Blockstream 是產業內首家致力於擴大比特幣協議層功能的公司。也就是說，公司著眼於側鏈的擴展機制，使各種創新在一個開放、可互操作的平台上發生。」

在產業裡，Blockstream 算得上是資金最充足的創業公司之一，然而 Blockstream 卻自稱是「隱形的比特幣公司」。

有了充足的發展資金後，Blockstream 開始在後台忙碌，並在 2015 年推出了橫幅側鏈計畫的測試版，並公布了首個商業化產品 Liquid。Liquid 的推出將會縮短比特幣交易所之間的資金傳輸時間。

Blockstream 研究開發的另一個計畫是閃電網路（Lightning Network），即分散式小額支付網路。這種去中心化的系統可以將小額的比特幣交易從區塊鏈移除，此做法不僅加快了交易的速度，還降低了發生費用。另外，閃電網路依然實現了當前比特幣網路無須依賴第三方信任的特性。

閃電網路將會降低比特幣區塊鏈的交易承載負擔，從而使它們無法影響比特幣區塊的總大小。然而這一計畫正面臨著一些挑戰，比如整合比特幣核心。一旦這些問題得到解決，當前的區塊大小爭論將得到緩解，並且增強比特幣網路的健壯性。

2016 年 2 月 3 日，Blockstream 對外宣布獲得 A 輪融資，募集資金總額為 5,500 萬美元。亞洲富豪李嘉誠旗下維港投資、全球保險集團安盛旗下的 AXA Strategic Ventures 以及日本科技公司 Digital Garage 領投了此輪融資。其他投資者還包括由雅虎創始人楊致遠創辦的 AME Cloud Ventures、Blockchain

Capital 等公司。加上 2014 年的 2,100 萬美元種子資金，Blockstream 透過兩輪融資中共獲得 7,600 萬美元的資金。

Blockstream 為什麼能受到投資人青睞呢？下面一起看投資人是如何看待 Blockstream 的。

領投方維港投資的公司代表 Fraces Kang 認為：「區塊鏈技術重新定義了金融科技內外的生態系統，釋放出無限可能。此次投資 Blockstream 意味著我們將會親眼見證創新的側鏈技術誕生，對此，我們感到非常興奮。」

AXA Strategic Ventures 管理合夥人 Francois Robinet 則說：「區塊鏈技術不但為金融服務帶來變革，也會顛覆其他產業。Blockstream 擁有業內最優秀的技術團隊，其開放原始碼的做法以及所掌握的側鏈技術是我們看重的價值所在。這將會使不同區塊鏈之間進行相互操作，提供關鍵的長期成效，未來有可能會為保險及資產管理業務帶來突破。」

AXA Strategic Ventures 的合作夥伴 Manish Agarwal 認為，公共區塊鏈的商業化是未來大勢。Manish Agarwal 表示：「我們相信區塊鏈技術具有重塑金融服務環境的巨大潛力，而公共區塊鏈是最關鍵的部分。我們對比特幣這種數位貨幣感興趣，而技術是其關鍵。」

日本科技公司 Digital Garage 的首席傳媒官 Rocky Eda 稱：「Linux 系統占據了操作系統的半壁江山，我認為區塊鏈也會故事重演，開源社區將會經過多次測試。」

Rocky Eda 還指出：「日本公司經常把側鏈技術用在發展獎勵點設計或智慧合約之類的應用。側鏈是區塊鏈技術的應用開發中最好的解決方案，而私有區塊鏈則顯得專有而封閉。」

Manish Agarwal 進一步指出：「側鏈的價值地位與比特幣區塊鏈的本意較為接近，這種特性更能吸引關注區塊鏈技術的投資公司。我相信這種技術中

的價值在於它無須信任的特性，我認為開源證明是其中的關鍵。」

奧斯汀‧希爾也贊同上述觀點，他在一篇部落格中寫道：「這一輪的融資

會為 Blockstream 提供資源，繼續打造一個開源的結構，這種結構可能會為全球動態信任打下基礎。」

結合當前大部分區塊鏈公司都主張拋棄比特幣區塊鏈另起爐灶的形勢，Blockstream 此次拿到 5,500 萬美元的 A 輪融資令比特幣技術開發者看到了希望。當前的區塊鏈技術發展還處於探索階段，面臨著各種技術路線的選擇。Blockstream 代表著透過比特幣區塊鏈以及其側鏈來突破限制，實現更多功能。總體來說，比特幣區塊鏈依然是當前最為安全的區塊鏈，而透過開發側鏈可以增強平台的開放性，有利於發掘比特幣區塊鏈的更大潛力。

2.3.2　線上零售巨頭 Overstock 創造的區塊鏈交易平台 —— TØ

2015 年 8 月，美國線上零售商 Overstock 的 CEO 派翠克‧伯恩（Patrick Byrne）在美國那斯達克紐約總部揭露了神祕的區塊鏈交易平台計畫 TØ。據悉，Overstock 在 2014 年首次公布了基於區塊鏈的私有和公有股權交易平台。

派翠克‧伯恩解釋了的 TØ 的新目標：「我們建立 TØ 平台，在上面交易就是結算，這是一個具有顛覆性的事情。另外，帳目的交易和結算也是一體的，它不需要成為各自獨立的進程。」

2016 年 4 月，TØ 首次嘗試利用區塊鏈技術開啟線上股票交易模式。在 Overstock 使用區塊鏈發行私有債券後，TØ 得到美國證券交易委員會（SEC）的批准，發行了公共債券。

下面一起看看票據清算模式的發展史。在那斯達克證券交易所還沒有成立之前，人們為了完成票據的清算，只能騎著自行車，駄著裝滿債券的包在華爾街上來回奔波。1960 年代，美國資本市場經過大規模爆發性成長後迎

來了一場危機，騎自行車清算票據的辦法已經不能滿足當時的市場需求。為了讓清算速度趕上交易量，華爾街曾經每週只交易四天，而且每天只有 4 個小時。

1971 年，美國證券交易委員會（sec）召開會議商議如何透過電腦解決票據清算問題。最後，他們討論出兩個方向：一是建立中央對手方（central counterparty）的清算模式，即有一個清算中心，所有交易都要從這裡經過，從清算中心系統內展開，經紀人全部要接入這個系統；二是在經紀人之間建立點對點的清算模式，那斯達克證券交易所的成立就是在這一背景下。

對此，派翠克・拜恩（patrick byrne）解釋說：「第一個解決方向就好像用電腦來安排調度騎自行車的人一樣，雖然使用了電腦，但是仍舊沒有解決根本問題。」而第二個解決方向被美國證券交易委員會極力推崇，也成為華爾街直到現在依然採用的模式。

派翠克・拜恩指出：「真正的清算模式應該將交易和清算兩個步驟合二為一同時完成，而不是現在的淨額清算（net settlement）。儘管一些金融巨頭和矽谷科技公司都在開發應用於市場交易的區塊鏈技術，但是要清楚他們在做什麼，只需要問一個問題：清算方式是怎樣的？如果他們做的仍舊是淨額清算，那麼他們就是『在為騎自行車的人工作』。」

一旦真正的區塊鏈去中心化清算模式取代了現在的中心化清算模式，華爾街某些賺錢的不法勾當將難以進行下去。比如「無貨沽空」（naked short selling，也叫「裸賣空」），也就是說在交易市場上出售或者聲稱出售實際並不持有的資產，以實現在未來以較低的價格買入等額資產的目的。

無貨沽空對市場交易有著巨大影響，比如德國曾經宣布暫時禁止對 10 家德國銀行和保險公司的股票進行無貨沽空，從而導致股市大跌。另外，股票借貸（stock loan）、提前交易（front-running）等最賺錢的生意都不再可能。

如果區塊鏈使票據清算模式實現了真正去中心化，那麼華爾街將不僅會

失去「資訊不對稱」為其帶來的優勢，也會失去相應的賺錢能力。可以想像，一旦真正去中心化的清算模式在全球交易市場大規模推廣，那些依靠華爾街生存的人就不得不另謀出路。

作為比特幣區塊鏈在金融票據領域的應用，TØ 平台將會打破多少傳統金融服務，只有時間才能給我們答案，大家拭目以待。

2.3.3 比特幣消費類應用程式 —— OpenBazaar

OpenBazzar 是一個運用比特幣作技術支撐的比特幣消費類應用程式。就像是去中心化的 eBay（線上拍賣及購物網站），OpenBazaar 利用應用程式市場將買家和賣家聯繫起來，同時用比特幣作為交易媒介替代 PayPal 和信用卡。2016 年年底，OpenBazzar 繼獲得 100 萬美元種子資金後，又獲得 300 萬美元的 A 輪融資。

OpenBazaar 的誕生加速了比特幣向分散市場的發展。一旦該應用取得成功，OpenBazaar 將會因為大幅降低各方費用而成為 eBay 的開源競爭對手。

當前的環境下，電子商務離不開中心化服務。以亞馬遜、eBay 和其他電商巨頭為例，它們對平台上的賣家實施嚴格監管，並透過收取一定費用盈利。而且這些公司只接受信用卡和 PayPal 等類似的支付方式，這些支付方式對買家和賣家都收取一定比例的手續費。

另外，這些公司將會獲得使用者的個人資訊。使用者面臨著資訊被盜取或者被賣給他人的風險。在交易過程中，政府和電商公司負責審查所有的交易商品和服務，因此買家和賣家無法做到自由交易。

OpenBazaa 為電子商務帶來了另外一種途徑，一種讓使用者掌握權力的途徑。OpenBazaar 消除了中心化第三方的角色，將賣家和買家直接聯繫在一起。由於交易中沒有第三方，所以雙方都無須支付交易費用。在交易過程中，沒有第三方監管，使用者可以自主決定是否公開個人資訊。

　　比如，使用者 A 想要將使用一年的 iPad 5 出售。他首先需要下載 OpenBazaar 客戶端，然後在電腦上創建一個產品目錄，並標明 iPad 5 產品的

　　細節。當使用者 A 公布 iPad 5 產品的目錄後，該目錄被發送到 OpenBazaar 的分散式 P2P 網路上。當使用者 B 搜尋的關鍵詞符合使用者 A 設定的「電子產品」、「iPad」等關鍵詞時，使用者 B 就可以發現使用者 A 的商品目錄。如果使用者 B 不同意使用者 A 的報價，可以提出新的報價。

　　如果兩人都同意價格，OpenBazaar 客戶端就會使用使用者 A 和使用者 B 的數位簽名為兩人創建一個合約，然後將這一合約發送給第三方公證人。如果使用者 A 和使用者 B 在交易中發生糾紛，公證人就會介入交易。這些公證人和仲裁者與使用者 A 和使用者 B 一樣都是 OpenBazaar 使用者。他們既可能是使用者 A 的鄰居，也可能是使用者 B 的朋友，還有可能只是一個陌生人。第三方公證人需要為合約做證，並創建多重簽名比特幣帳戶。一旦集齊三個簽名中的兩個，比特幣就會被發送給使用者 A。

　　在這一過程中，使用者 B 發送與使用者 A 商量好數量的比特幣到多重簽名位址。使用者 A 得到即時通知，確定使用者 B 已經發送貨款後，就會發出出售的 iPad 5，並告訴使用者 B 已經出貨。幾天後，使用者 B 收到 iPad 5，就會告訴使用者 A 已經收到產品，並從多重簽名位址釋放貨款。使用者 A 獲得了比特幣，使用者 B 買到了想要的 iPad 5，雙方都無須支付交易費用，也沒有第三方監管交易，使用者 A 和使用者 B 都得到了想要的結果。

　　交易中發生糾紛怎麼解決呢？與任何網購一樣，OpenBazaar 上的交易並不能保證順利進行。比如，賣家出錯貨、沒有出貨或者產品品質不如預期的好，那該怎麼辦呢？這時，第三方公證人會介入。只有集齊三把金鑰中的兩把，才能從多重簽名位址中取走貨款。而第三方公證人掌握著第三把金鑰，所以只要買賣雙方沒有達成和解或者在第三方公證人判定一方正確之前，多重簽名位址中的貨款就無法被行動。

那麼，如何保證使用者對第三方公證人的信任呢？OpenBazaar 設定有一個信譽評分系統，全部使用者都有權利對其他使用者進行反饋評分。如果一些使用者試圖交易欺詐，他們的信譽將會受損。如果第三方公證人裁定交易糾紛不夠公正，其信譽也會受損。

當使用者在 OpenBazaar 平台上購買商品以及選擇第三方公證人時，可以透過對方的信譽評分判斷他們是否值得信任。當然，OpenBazaar 客戶端會透過技術保證評分是合理的，有效防止作弊。具體的步驟非常複雜，但是 OpenBazaar 會處理好這些細節問題。

2016 年 4 月，OpenBazaar 平台正式上線營業，發布了首個完整版本軟體並提供下載服務。儘管第一個版本的功能不夠豐富，但是該計畫充分完成了 18 個月的初期發展，這使數位貨幣領域為之振奮。

隨著完整版本的上線，OpenBazaar 計畫負責人表示：「交易本該是免費的。這個想法啟發了我們，於是我們花費了兩年時間來建設 OpenBazaar 這個平台。從今天開始，世界上任何人，只要能訪問網際網路，就能使用比特幣和 OpenBazaar 來免費交易商品和服務。我們已經迫不及待地想看看大家會如何使用這個工具了。」

2.3.4 搭載比特幣的社會化媒體平台 —— Zapchain

Zapchain 是一個搭載比特幣的社會化媒體平台，也是備受期待的區塊鏈初創公司之一。Zapchain 做的是整合鏈上（on-chain）的比特幣微打賞方式，透過革命性的創意促使使用者參與高品質的內容創作。

Zapchain 面臨的最大挑戰在於是否具有可持續發展的能力以及如何避免垃圾使用者。據當前的 Zapchain 來說，其避免垃圾使用者，遏制垃圾內容的行為已經出現成效，而且 Zapchain 的使用者成長說明其流行度越來越高。

2015 年 11 月 7 日，ZapChain 對外宣布獲得 35 萬美元的天使輪融資，並

公布了與比特幣公司（Coinbase）的合作關係，同時推出一個新的數位商品計畫。

此輪融資的投資者包括德豐傑（Draper Fisher Jurvetson）合夥人蒂姆·德雷珀（Tim Draper）、Boost VC 創始人兼 CEO 亞當·德雷珀（Adam Draper）以及 Boost 比特幣基金。

ZapChain 的營運長 Dan Cawrey 表示，這筆資金將被用於平台推廣，擴大內容創建者和數位社區成員的範圍。

對於投資 ZapChain 的原因，蒂姆·德雷珀解釋說：「我投資 ZapChain 是因為該公司是最好的比特幣應用之一。ZapChain 使得區塊鏈被用於小額支付，為記者和其他媒體人員帶來便利，減少與銀行之間的摩擦。」

亞當·德雷珀（Adam Draper）也非常看好 ZapChain，他描繪了 ZapChain 內容貨幣化願景背後的大畫面。亞當·德雷珀是這樣說的：「微交易很可能是網路內容創作者賺錢的新方式，它可能會改變遊戲規則。」

與比特幣公司展開合作後，使用者可以透過 ZapChain 購買和銷售比特幣，促進 ZapChain 的數位商品銷售。音樂家 Talib Kweli 便嘗試了利用 ZapChain 銷售他的最新專輯《Indie 500》及單曲。

Talib Kweli 在聲明中表示：「比特幣背後的技術將會幫助人們更容易地獲取音樂，並且為音樂家們打開新的市場。」Talib Kweli 還說：「做喜歡的音樂並把它帶到喜歡它的人面前是一件非常好的事情，不管你在哪裡或者你是誰。」

ZapChain 還推出了新的數位社區創新工具微打賞，進一步嘗試內容貨幣化實驗。現在，你會發現 ZapChain 平台上的提問和評論旁有一個綠色的「打賞按鈕」。如果你覺得某個使用者提出的問題或者提供的答案很好，你就可以透過點擊此按鈕，向其打賞相應數量的比特幣，比如價值一個蘋果、一杯咖

啡、一個 pizza 的比特幣。打賞的數額都是平台預先設定好的，使用者可以選擇但不可以自由設定。

ZapChain 表示，他們並不追求透過該工具獲得盈利，他們只希望將該產品推廣至其他平台。在 Zapchain 的努力下，Zapchain 終將成為公認的頂級比特幣媒體平台。

2.3.5 資金最充裕的比特幣挖礦公司 —— BitFury

2011 年，瓦列里・瓦維洛夫（Valery Vavilov）和瓦列里・訥班斯尼（Valery Nebesny）共同創建了 BitFury 比特幣挖礦公司。由於比特幣挖礦的利潤不斷下降，BitFury 已經將核心角色轉變為產業的交易處理器。BitFury 網站上稱：「整個比特幣生態系統都是我們的客戶。」

BitFury 堪稱資金最充裕的比特幣挖礦公司。2014 年 5 月 30 日，Bitfury 正式宣布他們獲得 2,000 萬美元融資。該融資也是比特幣領域最大的融資之一。參與此輪融資的投資者包括 Binary Financial、Crypto Currency Partners、Georgian Co-Investment Fund（GCF）、Queensbridge Venture Partners 和 ZAD 投資公司。

BitFury 的創始人兼 CEO 瓦列里・瓦維洛夫說：「這一輪融資的成功表明我們的策略是正確的，讓我們有機會向目標邁進 —— 成為世界上第一家公開上市的比特幣公司。投資將會大大加速我們的成長，會進一步鞏固我們的產品和服務在產業內的領先地位。」

2014 年 10 月 10 日，BitFury 宣布獲得新一輪融資，融資金額為 2,000 萬美元。此輪融資距離上一輪融資還不到五個月。

2015 年 7 月 10 日，BitFury 宣布完成第三輪 2,000 萬美元融資。至此，BitFury 的融資總額達到 6,000 萬美元，是競爭對手 KnCMiner 2,900 萬美元融資總額的兩倍，並占據比特幣挖礦產業 1.165 億美元投資總額的一半以上。

在拿到第三輪融資後，瓦列里‧瓦維洛夫（Valery Vavilov）表示：「新一輪融資的成功，證明了我們的業務策略，並且令我們更接近我們的宏偉目標。」

第三輪融資的投資方包括喬治亞聯合投資基金（The Georgian Co-Investment Fund）、DRW Venture Capital 以及 iTech Capital 等。

DRW Venture Capital 的創始人唐‧威爾遜（Don Wilson）對 BitFury 表示了讚賞，他說：「我們投資 BitFury，是因為瓦列里‧瓦維洛夫的工作令人印象深刻，而且，他們的團隊已經成為確保區塊鏈安全業務的產業領導者。」

作為資金最充裕的比特幣挖掘公司，BitFury 在 2015 年 12 月 16 日宣布它將在 2016 年第一季度在市場上推出新的 ASIC 晶片。

拿到第三輪融資後，BitFury 宣布將投資 1 億美元在喬治亞建立一個 100 兆瓦的比特幣挖礦資料中心，並推出了 28 奈米比特幣挖礦晶片。這是繼哥里的第一個 20 兆瓦的資料中心之後 BitFury 在歐亞國家建立的第二個比特幣挖礦資料中心。據悉，該資料中心將建在喬治亞首都第比利斯，這裡將創建一個特殊的技術區，以吸引國際技術公司。

BitFury 在喬治亞的官方代表 Eprem Urumashvili 表示：「喬治亞的受益點表現在三個方面，一是一筆高達 1 億美元的投資；二是將現代資訊技術帶入該國；三是喬治亞將因此加入創新技術世界地圖。」

值得一提的是，專注於投資喬治亞地區的策略投資基金公司喬治亞聯合投資基金連續參與了 BitFury 的三輪 2,000 萬美元融資。

2016 年 6 月，BitFury 聯合加拿大 NDI 科技公司推出了區塊鏈試行應用—— 區塊鏈信任加速器（Blockchain Trust Accelerator）。這一應用的意義在於可以連接政府、科技人員和資源來改善治理問題。對於民主制度來說，身分資訊、選票以及社會服務等資產都可以被區塊鏈安全且永久地保存。

　　區塊鏈對加強民主問責制的重大意義已經引起世界各國的關注和重視。比如，區塊鏈信任加速器計畫的試行已經於 2016 年 4 月在喬治亞共和國推出。而且，喬治亞共和國政府正在和 BitFury 集團合作創建一種基於區塊鏈的土地所有權資料庫。

第 3 章
區塊鏈四大核心技俯

區塊鏈之所以為大家帶來了一個突破傳統、顛覆性創新的機會，主要依賴於四大核心技術創新，分別是分散式帳本、非對稱加密和授權技術、共識機制和智慧合約。下面我們分別講解這四大核心技術。

3.1
分散式帳本

　　區塊鏈使用的記帳方式與傳統的記帳方式不同，具有去中心化創新、資料高度透明、無須依賴信任以及資訊可回溯性四大特徵。在區塊鏈交易記帳操作過程中，分布在不同地方的眾多網路節點共同負責記錄完整的帳本，每一個節點都參與並監督交易的合法性，同時共同為其他使用者作證。這種分散式帳本的記帳方式避免了傳統單一記帳人因不可控因素而記假帳的可能性，保證了帳目資料的真實性和安全性。

3.1.1　去中心化創新

　　區塊鏈的分散式帳本是一個去中心化的、沒有更高權威的、分布在眾多人電腦中的系統。從區塊鏈的本質來說，區塊鏈提供了一種分散式手段來擔保和核實交易，從而為最終甩開中心控制者提供了機會。

　　在傳統的交易支付流程中，存在一個中心機構，所有的節點要參與交易必須透過中心機構來達成交易。這裡的中心機構既扮演了維護者的身分，維護交易帳目正常達成交且真實可靠的，又扮演了特權參與者的身分，發行貨幣資產的權利。

　　在區塊鏈的交易流程中，分散式帳本的節點 A 直接將交易發給節點 B，所有節點一起確認並且驗證交易的真實性。更新了公共總帳以後，所有人再同步一下最新的總帳。在這裡，維護者的身分下放至每一個參與者手中。分散式帳本無須對帳，大家只需要維護一條總帳就可以，這裡的總帳指的是每個人都可以看到公共帳本。

　　分散式帳本去中心化的特點為區塊鏈未來發展奠定了應用基礎，下面以區塊鏈技術在跨境電商領域的應用為例，介紹這一特徵。

跨境電商是從 2016 年興起的。隨著各國家政策層面的扶持加強，跨境電商成為新的產業亮點。

當前，跨境電商存在一些問題。首先是外貿通路的缺失和信任問題。外貿大環境非常複雜，對商家的要求也非常高，而國內品牌商的外貿之路因為外貿通路缺失和信任問題而顯得迷霧重重。

其次是手續費高昂和轉帳週期長的問題。以傳統跨境匯款方式電匯為例，匯款週期一般長達 3 ～ 5 個工作日，這期間除了中間銀行會收取一定手續費，環球銀行金融電信協會（SWIFT）也會對透過其系統進行的電文交換收取較高的電信費。

訂單碎片化也是跨境電商面臨的一大挑戰。在全球金融危機後，外貿環境發生顯著變化，短期訂單、中小訂單逐漸代替長期訂單、大訂單。可以說，市場體量龐大，訂單碎片化已成為外貿新常態。

線上貿易的必須性及交易頻率提高的同時利潤下降，這是跨境電商面臨的另一個挑戰。在這種情況下，外貿製造商必須全面轉型，從簡單的生產製造商進化為貿易綜合服務商，以適應全球市場的競爭。

支付不僅是供應鏈系統的引擎，也是跨境電商的重要環節，其支付模式直接決定跨境電商的生命線。為了解決跨境電商發展中的難題，關於區塊鏈支付的討論應運而生。可以說，區塊鏈支付為跨境電商提供了近乎完美的支付解決方案。

區塊鏈分散式帳本的去中心化創新使使用者在跨境匯款中以更低的費用和更快的速度完成跨境轉帳，市場空間非常大。

傳統的跨境支付方式具有清算時間長、手續費高、容易出現支付詐騙行為的劣勢，跨境資金風險較大。區塊鏈打造的 P2P 支付具有去中心化的特徵，不但可以二十四小時支付、瞬間到帳，還能降低隱形成本，有利於降低

跨境電商資金風險及滿足跨境電商對支付清算服務的便捷性需求。

下面我們一起看一下區塊鏈支付為跨境電商提供的解決方案。區塊鏈分散式帳本構成一個去中心的全球結匯系統。這個系統的核心機制包括兩方面內容。

一是引入閘道系統，解決陌生人之間轉帳匯款的信任問題。一般來說，銀行、第三方機構等具有公信力的主體都可以擔任閘道。使用者與閘道之間的關係在整個系統中反映為一種債權債務關係，即如果使用者 A 需要透過區塊鏈錢包匯款給使用者 B，則其間的閘道就與 A 生成了債務，與 B 生成了債權，透過將該閘道對 B 的債權轉為 A 對 B 的債權並進行清算，繼而反映在雙方餘額變化上就完成了交易。

A 與 B 之間的債權債務關係利用區塊鏈的分散式帳本儲存在若干個伺服器上，而伺服器之間以 P2P 的方式進行通訊，以避免中心化伺服器所帶來的各種風險。

二是根據共識選擇用於結算的數位貨幣，如比特幣、萊特幣等。數位貨幣的作用是維護系統正常運行，防止惡意攻擊者大量製造垃圾帳目蓄意破壞。因此區塊鏈錢包要求每個閘道都必須持有一定限額的數位貨幣量，並且每進行一次交易，都需要提供一定量的數位貨幣，就像傳統的每次交易都要交手續費一樣。

在區塊鏈打造的跨境結算方式中，銀行也可以參與進來。銀行不需要提供技術支援和底層協議，只要指定特定的數位貨幣履行這一職責就可以了。這種模式將會代替傳統成本高昂的 SWIFT 技術，從而幫助傳統銀行以更低的成本、更快的速度來進行跨境清算和匯款。當然銀行還可以選擇覆蓋更多的支付場景和數位幣種。

基於分散式帳本技術，區塊鏈將會幫助跨境支付解決現存問題，增強跨境電商參與方的體驗。

3.1.2 資料高度透明

對於規模較小、實力薄弱的公益機構來說，提升透明度、打造公信力是非常困難的。舉例來說，捐款人捐 5 元後索要免稅發票，而計畫方郵寄發票就需要 15 元，而且這還沒有運算計畫方投入的時間和精力成本。在這種情況下，將區塊鏈用於公益顯得非常有價值。

將區塊鏈用於公益主要借助了分散式帳本資料高度透明，從而達到提升公眾信任度的作用。區塊鏈分散式帳本向所有的參與者公開資料，讓大家共享一個帳本，並透過去中心化的管理達到人人平等，這些創意是前所未有的，並且因此受到廣泛關注。

區塊鏈分散式帳本的資料對所有的人公開，所有的參與者都能在網際網路上共享這些資料，保證了帳本的公正性。而且比特幣、以太坊超級帳本以及大部分的競爭幣系統都具有這種特徵。它們對所有人都公開，表明人人都能透過一台聯網電腦進入。

以比特幣為例，所有的參與者 ID 都是匿名的，但是上面的資料默認對所有人都公開。這種開放性帶來了巨大的優勢，比如抵抗專制制度資本管控以及抵抗攻擊的能力。比特幣在保證對所有人公開的同時還具有安全的特徵。我們甚至無法想像，只要我們願意，就能夠獲知每一個參與者的帳戶餘額以及交易紀錄。

直到現在，人們依然驚奇於比特幣保障安全的方法是如此的新穎，而且在它存在的近 10 年歷史中，竟然從來沒有人切實可行地打破過這種安全。與之相對，如果用最傳統的方法保護使用者權利和安全，那麼風險是非常高的。這種模式的雛形開始於世界第一把鎖的發明。一把鎖一般只有幾把鑰匙，這會讓所有者覺得安心。然而，很多例子都證明這種模式失敗的可能性很大，鑰匙可以被設計得很聰明，但總有聰明的盜竊者不用鑰匙就可以打開這把鎖。

　　如果一位使用者在電腦的資料庫裡保存著一些公司的絕密資料，那麼一場駭客競賽也就開始了，勝利者將會以很小的成本獲得這些資料，威脅公司的安全。但區塊鏈就不一樣了，比特幣經過眾多考驗之後依然保證安全則說明了這一點。顯而易見的是，駭客對於比特幣在網路中每天潛在交割的 67 億美元的價值毫無下手的機會。

　　有人說，區塊鏈比特幣可以用於販賣毒品以及其他違禁類產品和服務。這是事實，但用 1 萬美元也能做這些事情，任何紙幣都可以。如果說，人們可以接受紙幣的匿名性，那為什麼要抗拒區塊鏈比特幣呢？

　　事實上，區塊鏈比特幣雖然具有匿名性，但是比特幣區塊鏈上發生的交易很容易就能進行追蹤，任何人都可以查詢，而紙幣的使用則無跡可尋。業內人士曾經嘗試過根據序列號追蹤紙幣使用蹤跡的研究，但是幾年後被證明是不可行的。下面是比特幣對比紙幣的三大優勢，如圖 3-1 所示。

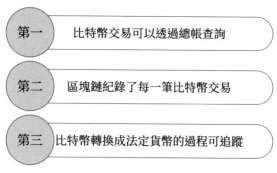

圖 3-1 比特幣對比紙幣的三大優勢

　　第一，比特幣交易可以透過總帳查詢。如今，紙幣的追蹤依賴於實物檢查的方式，而區塊鏈比特幣的優勢則更明顯。區塊鏈比特幣的本質是一個龐大的分散式帳本，每一筆網路交易都由節點記錄在系統中，儘管交易雙方錢包的所有者是匿名的，但總帳是公開的。包括執法機關、稅務當局在內的所有機構和個人都可以訪問總帳。

　　第二，區塊鏈記錄了每一筆比特幣交易。區塊鏈記錄了系統中發生的每一筆交易，因此我們可以在總帳中查詢到所有的交易歷史。每一筆比特幣交易都可以查詢，無法隱藏、改變或者篡改，遠遠好於紙幣消失又出現，交易或轉移的情況無跡可尋。如果沒有記錄，紙幣交易各方的情況是無法查詢的，而比特幣交易則會顯示在總帳裡，除了比特幣錢包所有者的身分資訊。

　　第三，比特幣轉換成法定貨幣的過程可追蹤。另外，比特幣對法定貨幣的轉換過程也是可以被追蹤的，因為使用者要想將持有的比特幣轉換為法定貨幣，必須與交易所或提供類似服務的機構進行聯繫。所有提供相關服務的交易所以及機構都處於相關部門的監管下，以幫助執法機構對犯罪行為進行追蹤。

　　相比之下，紙幣可以無限循環使用，無須轉換成其他形態。對於罪犯來說，使用比特幣的犯罪行為更容易被執法機構追蹤到，所以他們更願意選擇真正匿名的紙幣。

3.1.3　無須依賴信任的雜湊（Hash）演算法

　　雜湊（Hash）演算法也被稱為「散列」，是區塊鏈的四大核心技術之一。由於一段資料只有一個雜湊值，所以雜湊演算法可以用於檢驗資料的完整性。在快速查找和加密演算法的應用方面，雜湊演算法的使用非常普遍。

　　在網際網路時代，儘管人與人之間的距離更近了，但是信任問題卻更嚴重了。現存的第三方仲介組織的技術架構都是私密而且中心化的，這種模式永遠都無法從根本上解決互信以及價值轉移的問題。因此，區塊鏈技術將會利用去中心化的資料庫架構完成資料互動信任背書，實現全球互信的一大跨步。在這一過程中，雜湊演算法發揮了重要作用。

　　可以說，以比特幣為首的數位貨幣並非區塊鏈最重要的價值體現，在資訊不對稱、環境未知的情況下建立一個滿足人們經濟活動需求的信任生態體

系才是區塊鏈更重要的意義。

下面我們一起看一下區塊鏈是如何透過雜湊演算法解決信任問題的。在此之前，我們需要解釋一下什麼是「拜占庭將軍問題」。

「拜占庭將軍問題」是由著名電腦科學家萊斯利·蘭波特（Leslie Lamport）提出的點對點通訊中的基本問題，也可稱為「兩軍問題」或者「拜占庭容錯」。

在 5 ～ 15 世紀，拜占庭就是當時的東羅馬帝國，也就是現在土耳其的伊斯坦堡。可以想像，拜占庭軍隊有許多分支，駐守在敵人城外隨時準備進攻，每一個分支都有各自的將軍。當時的環境決定了騎馬傳遞資訊是將軍之間通訊和協調統計進攻時間的唯一途徑。

由於敵人的防禦比較強大，任何一個軍隊分支的單獨入侵行動都會失敗，而且入侵的分支還會被殲滅。因此，只有一半以上的分支同時進攻才能成功占領敵人的城池。

在觀察了敵情以後，將軍們需要制訂出一個統一的進攻計畫，即確定出在哪一天的哪一時刻進攻。然而將軍中存在一個叛徒，他的任務就是破壞忠誠將軍們的進攻計畫，使他們的進攻不能達成一致。這樣只要進攻時的軍隊分支少於一半，敵人就會勝利，叛徒的目的就達到了。這是一個由互不信任的各方構成的網路，但是他們需要完成一個共同使命（除叛徒以外）。

由於各個將軍之間互相不信任，認為只有在自己的城堡以及軍隊範圍內才能保障自己的生命安全，所以將軍們不會聚集到一起開會。在這種情況下，他們在任意時間以任意頻率派出任意數量的信使到任意對方，內容如下：「我將在第 × 天的第 × 點進攻，你同意嗎？」

如果收到資訊的將軍同意該做法，他就會在原信上附上一份蓋章驗證的回信，然後把合併之後的資訊複製再次發送給其餘的將軍們，要求他們也這樣做。他們的目標就是透過原始資訊的積累使最後的資訊鏈蓋上他們所有將

軍的圖章，在時間上達成共識。

問題出現在這裡，假設有 10 個將軍，每個將軍向其他 9 個將軍派出一名信使，那麼就是 10 個將軍每人派出了 9 名信使，而在任意時間內有總計 90 次的傳輸，並且每個將軍分別收到 9 個資訊，可能每一封信的進攻時間都不同。另外，叛變的將軍還會同意超過一個以上將軍的攻擊時間，然後重新廣播超過一條的資訊鏈。於是，這個系統迅速演變成一個資訊虛假和攻擊時間相互矛盾的糾結體。

拜占庭將軍問題是一個在分散式系統中進行資料互動時面臨的難題，也就是說當整個網路中的分散式節點之間都沒有信任度，如何操作才能保證資訊互動的安全性而且不用擔心資料被篡改。區塊鏈利用雜湊演算法完成了這一挑戰，使系統中所有節點在無須信任的條件下自動安全地交換資料。

區塊鏈是這樣做的：它為資訊發送加入了成本，降低了資訊傳遞的速率，而且加入了一個隨機元素使在一段時間內只有一個將軍可以廣播資訊。這裡所說的成本就是區塊鏈系統中基於隨機雜湊演算法的「工作量證明」。雜湊演算法所做的事情就是運算獲得的輸入資料，得到 64 位的隨機數字和字母的字串。

區塊鏈系統運算的輸入資料是指節點發送的當前時間點的整個總帳。當前電腦的算力使其可以即時運算出單個雜湊值，但是比特幣區塊鏈系統只接受前 13 個字符是 0 的雜湊值結果作為「工作量證明」。而前 13 個字符是 0 的雜湊值是非常罕見的，需要整個比特幣網路花費 10 分鐘的時間才在數以億計的資料中找到一個。在一個有效的雜湊值被運算出來之前，網路中已經生產了無數個無效值，這就是降低資訊傳遞速率，並使整個系統成功運行的「工作量證明」。

在拜占庭將軍問題中，第一個廣播資訊的將軍就是第一個發現有效雜湊值的電腦，只要其他將軍接收到並驗證通過了這個有效雜湊值和附著在上面

的資訊，他們就只能使用新的資訊更新他們的總帳，然後重新運算雜湊值。下一個運算出有效雜湊值的將軍就可以將自己再次更新的資訊附著在有效雜湊值上廣播給大家。然後雜湊運算競賽從一個新的開始點重新開始。由於網路資訊的持續同步，所有網路上的電腦都使用著同一版本的總帳。

比特幣區塊鏈系統找到有效雜湊值的時間間隔為 10 分鐘，這是演算法設定好的。演算法難度每隔兩週調整一次的目的就是保證這 10 分鐘的間隔，不能多也不能少。每隔 10 分鐘，總帳的資訊就會在區塊鏈更新並在全網同步一次，因此分散的交易紀錄是在所有網路上的電腦之間進行對帳和同步的。

當使用者在區塊鏈系統發起一筆交易的時候，他們會使用金鑰和公鑰為這筆交易簽名，而內嵌在區塊鏈系統的標準公鑰則承擔了加密工具的角色，對應在拜占庭將軍問題中，加密工具就是用於簽名和驗證消息的印章。

因此，雜湊演算法對資訊傳遞速率的限制加上加密工具使區塊鏈構成了一個無須信任的資料互動系統。在區塊鏈上，一系列的交易、時間約定、域名記錄、政治投票系統或者任何其他需要建立分散式協議的地方，參與者都可以達成一致。

區塊鏈透過雜湊演算法解決了拜占庭將軍問題，而且這一方案可以推廣開來。那些在分散式網路上無法解決信任問題的領域都可以透過區塊鏈得到解決。比如，網際網路領域的專家們正在試圖為網際網路創造一個分散式的域名系統；基於區塊鏈技術的網際網路選舉投票系統也正在研發中。如果說，網際網路雲分享攪動了一池春水，那麼區塊鏈建構的不依賴信任的交易系統則打開了洪水閘門。

3.1.4　銀行也抵抗不了的資訊可回溯性

如果有了區塊鏈，一切就不一樣了。比如，建立區塊鏈公益，記錄每一筆捐款的收入和支出，使資訊完全對公眾公開。如果規定警方出警的時候必

須透過指定的多台設備即時上傳到區塊鏈影片雲端上，那麼真相將水落石出；如果建立一個區塊鏈平台記錄醫院信用以及治療方法，就可以規避由於被不對稱資訊和不實廣告所蒙蔽而產生的悲劇。

總之，這一切改變基於區塊鏈分散式帳本的資訊可回溯性。下面以區塊鏈在網際網路金融領域的應用為例看資訊可回溯性的重要性。

電子資料常常與使用者的權益掛鉤，因為使用者的投資計畫、投資時間、投資金額、投資的收益回報等資訊都可能是透過電子資料記錄的。當使用者的權益受損時，這些電子資料將成為使用者證明自己權利的最核心資料。

然而，實際操作中會出現很多問題。儘管法律承認電子資料可以充當證據，但是電子資料通常都是由平台單方面保管的。使用者與平台方發生利益糾紛的時候，平台方很有可能會將電子資料摧毀或者進行篡改。在這種情況下，使用者根本無法使用真正具有效力的電子資料維護權益。

下面看一個 P2P 理財的例子：一家理財平台曾經將本應向投資者還款的時間全部延遲一年之久。當投資者想要使用電子合約維護權益時，發現該平台已經私自在網站內修改雙方的合約協議內容，並且私自添加了還款協議；另外，各種網貸 P2P 平台跑路事件也鬧得沸沸揚揚。每當平台跑路後，投資人會發現他們的網站、APP 已經無法打開，所有的電子資料都消失殆盡。在這種情況下，執法機關調查取證困難，投資人的維護權益之路非常艱難。

近幾年來，政府工作報告都提到了網際網路金融。2014 年的表述是「網際網路金融異軍突起」，2015 年的表述是「促進網際網路金融健康發展」，而2016 年對網際網路金融的表述為「規範發展網際網路金融」。由此可見，政府已經把網際網路規範放在了第一位。在規範網際網路金融發展的過程中，區塊鏈具有非常大的價值。

比如在 P2P 網貸產業，2015 年倒閉跑路的 917 家 P2P 網貸平台中，90%

以上的平台都設立了資金池，由於內幕操作無法兌付而選擇了跑路。由於資訊的不對稱性，投資者根本無法知道平台是否設立了資金池、資產是真是假以及資金用途，而且更做不到一一考證。因此，只有用上永久儲存以及無法篡改資料的區塊鏈技術，才能保證 P2P 平台僅僅充當資訊仲介，不觸碰資金。畢竟資訊的可回溯性讓 P2P 平台難以在眾人的監督下做出違法勾當。

再比如票據業務領域，票據業務領域的亂象非常多，除了一票多賣等票據違規交易問題，還包括複製票、假票、變造票等違規操作問題。在這種情況下，市場急需一種更安全、完善的票據交易模式，而區塊鏈為這種模式提供了可能。

作為一種永久儲存，資訊不可篡改的分散式帳本，區塊鏈由數以億計的大量電腦節點共同維護。複雜的校驗機制使得保存在區塊鏈上的資料具有連續性和一致性，就算某些電腦造假篡改了資料也無法改變整個區塊鏈的完整性。金鑰簽名和公鑰驗證交易內容全部正確後，數位貨幣就會在對應的帳戶位址間轉移，而且保證準確無誤。

因此，將區塊鏈技術應用到 P2P 網貸領域以及票據業務領域的電子資料儲存上，將會徹底解決許多違法違規的問題。一個投資計畫的發造成資金籌集，再到後期的償還以及一張票據從申請到發行，從交易到承兌，整個流程的關鍵資訊都會記錄在區塊鏈上，誰都無法篡改。

基於區塊鏈上資訊的可回溯性，監管部門的查詢將變得非常容易。另外，數位貨幣的轉移路徑明確，這就使 P2P 平台只能將投資者的資金用於規定的用途，最後回到投資者手裡。

客觀上資訊不對稱以及主觀上受到利益驅使加大了中心節點產生欺騙和偽造信用的風險。區塊鏈技術的加入可以在時間維度上保證連續性，在空間緯度上保證開放性。總而言之，區塊鏈上資訊的可回溯性將會影響眾多領域，而這種可回溯性是銀產業也難以抗拒的。

3.2
非對稱加密和授權技術

> 區塊鏈中每一個資料塊中包含了一次網路交易的資訊，產生相關聯
> 資料塊所使用的技術就是非對稱加密技術。非對稱加密技術的作用是驗證
> 資訊的有效性和生成下一個區塊。另外，區塊鏈上網路交易的資訊是公開
> 透明的，但是使用者的身分資訊是被高度加密的。只有經過使用者授權，
> 區塊鏈才能得到該身分資訊，從而保證了資料的安全性和個人資訊的隱
> 私性。

3.2.1　金鑰掌握在使用者手裡

由於金鑰是非對稱加密技術涉及的概念，所以我們首先探討對稱加密技術以及非對稱加密技術。對稱加密技術的特點是資料加密和解密使用的金鑰

（意思是祕密的鑰匙，在密碼學中，金鑰是在明文轉換為密文或將密文轉換為明文的演算法中輸入的參數）相同。也就是說，加密金鑰也被用作解密金鑰。這種加密技術在密碼學中叫做對稱加密技術。

對稱加密技術的優勢是使用方便，金鑰簡潔而且破譯難度高。DES、3DES、Blowfish、IDEA、RC4、RC5、RC6 和 AES 是較為常見的對稱加密技術。

在電子商務交易中，對稱加密技術主要存在四個問題，內容如圖 3-2所示。

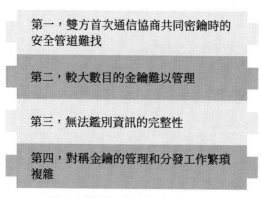

圖 3-2 對稱加密技術的四個問題

第一，雙方首次通訊協商共同金鑰時的安全通路難找。直接的面對面協商是協商共同金鑰最安全的方式，但這是不現實而且難以實施的。因此雙方很可能會選擇其他相對不夠安全的通路進行協商，例如發送郵件或者通電話等。

第二，較大數目的金鑰難以管理。對於一方來說，對於每一個合作者使用的金鑰都不相同。在開放的社會環境中存在大量的資訊交流，而數目較大的金鑰與社會發展環境是難以適應的。

第三，無法鑑別資訊的完整性。對稱加密技術不具有鑑別資訊完整性的功能，因此發送者和接受者的身分也是無法驗證的。

第四，對稱金鑰的管理和分發工作繁瑣複雜。採用對稱加密技術的貿易雙方必須使用相同的金鑰，保證金鑰的安全可靠。另外，雙方還需要設定防止金鑰泄密和更改金鑰的程式。

如果兩個使用者使用對稱加密技術交換資料，那麼涉及的金鑰為 2 個。

如果企業有 n 個使用者，那這個企業共需要金鑰的個數為 $n \times (n-1)$ 個。如此看來，企業資訊部門需要在金鑰生成和分發工作上付出很大一部分精力。

　　為解決資訊公開傳送和金鑰管理問題，公開金鑰系統應運而生。相對於對稱加密技術，這種方法也叫做非對稱加密演算法。非對稱加密技術允許通訊雙方在不安全的媒體上交換資訊，安全地達成一致的金鑰。RSA、ECC（用於行動裝置）、Diffie-Hellman、El Gamal、DSA（用於數位簽名）是比較常見的非對稱加密技術。

　　非對稱加密技術中存在兩個金鑰，一個是公開金鑰（以下簡稱公鑰），另一個是私有金鑰（以下簡稱金鑰）。公鑰與金鑰是一對，在加密時，如果用公鑰對資料加密，那麼只有用金鑰才能解密；如果用金鑰對資料加密，那麼只有用公鑰才能解密。

　　非對稱加密技術實現資訊交換的過程為：A 生成一對金鑰，並將公鑰公開。B 得到公鑰後用其對機密資訊進行加密然後發送給 A。A 再用自己保存的金鑰對加密後的資訊進行解密。

　　非對稱加密技術的優勢是保密性好，雙方無須交換金鑰，缺點是加密和解密花費的時間長、速度慢。

　　如果企業中有 n 個使用者，那麼企業需要生成的金鑰數目為 n 對，並將 n 個公鑰公開，n 個金鑰由使用者自己保存。由於使用者掌握的金鑰是唯一的，其他使用者可以透過公鑰來驗證資訊發送者的來源是否真實可靠，而資訊發送者也無法否認發送過該資訊。

　　作為區塊鏈的核心技術之一，非對稱加密技術可以用於使用者的身分驗證。由於使用者掌握的金鑰是唯一的，所以身分驗證顯得非常容易。下面一起來看中本聰透過比特幣的創世區塊證明自己身分的原理。

　　比特幣的創世區塊有 50 個比特幣，而且代碼是確定、唯一的，這就使這 50 個比特幣不能使用。中本聰的創世區塊位址為「1A1zP1eP5QGefi2DMP TfTL5SLmv7DivfNa」，很多比特幣愛好者還向中本聰的位址捐幣，使其餘額超過了 50 比特幣。對中本聰來說，他擁有這筆比特幣的所有權，但是沒有使

用權。

比如說，一個比特幣的狂熱愛好者在網路上發言，並稱自己就是中本聰本人。如果中本聰自己覺得有必要澄清，就可以使用創世區塊的金鑰簽名，並註明該發言並非由自己本人發出，全世界的人們就知道真相了。

那麼我們每個人以及企業機構等如何使用區塊鏈來標識自己的身分呢？首先，我們需要使用比特幣 QT 錢包（比特幣本地錢包）生成一個收款位址，該收款位址可以是空位址，不需要有任何餘額。其次，我們需要用 QT 錢包對生成的空位址進行簽名。簽名一般都是使用特定消息，然後就可以得到簽名結果。然後，我們需要向全世界公布自己的比特幣位址，包括特定消息和簽名結果。這時，全世界都知道了這個位址是我們的。

如果在一些情景下，你需要向對方證明你的身分，那麼對方給出一個特定消息，你只需要簽名，對方進行驗證即可證明你的身分。

用區塊鏈驗證身分的唯一風險就是金鑰被盜，所以只要使用者妥善保管好自己的金鑰，別人就無法偽造你的身分。

截至 2017 年年初，區塊鏈資料已經超過了 25G，如果我們僅僅使用 QT 錢包進行身分驗證，就不需要同步龐大的區塊鏈資料，否則啟動和關閉 QT 錢包都無比慢。

一個企業機構也可以使用這種方法驗證自己的身分真假。與個人一樣，企業需要使用一個位址進行簽名聲明自己是該金鑰的唯一擁有者。很多時候，企業的身分都是由多人共同確認的，遇到這種情況，企業可以預先將金鑰分成多份，讓幾個人共同保管。比如金鑰分成三份，只有兩人以及兩人以上共同簽名才能確認企業的身分。在這種情況下，企業遇到任何偽造機構身分的行為，都可被輕易驗證。

區塊鏈讓人類第一次不需要依靠任何第三方中心機構就可以完成身分

驗證，也是人類第一次在網際網路上創造了一個不能複製、不可偽造的資料庫。

從比特幣創世區塊開始，世界已經發生改變。也許到 2026 年，你可能會看到以下場景成為事實。一個英國海關官員對某個中國遊客說：「先生，請對這一消息『welcome to England』，在您的比特幣位址『×××』上簽名。」該先生拿出手機，點了點，官員也在他的桌面設備上點了點，然後說：「welcome to England，×××。」

基於非對稱加密技術，區塊鏈將如何改變我們的生活呢？只有時間才可以驗證。

3.2.2　匿名，這裡可以實現

區塊鏈的授權技術保證了未經使用者授權，任何人都無法獲知使用者的身分資訊。下面以比特幣為例，看使用者如何實現合理的匿名性。

試想一下，發送和接受比特幣就好比作者用筆名發表作品。如果作者的筆名與自己的身分無關，那麼誰都無法得知作品背後的作家的真實身分。在區塊鏈上，使用者接收比特幣的位址是公開的，凡是與該位址有關的交易資訊都會被永久保存在區塊鏈上。如果使用者的位址與真實身分沒有任何關係，那麼使用者便實現了合理的匿名性。

要實現匿名，使用者需要保證比特幣錢包位址與自己的身分資訊沒有關聯。也就是說，使用者需要匿名購買比特幣。下面是三種匿名購買比特幣的方法，內容如圖 3-3 所示。

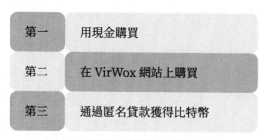

<table>
<tr><td>第一</td><td>用現金購買</td></tr>
<tr><td>第二</td><td>在 VirWox 網站上購買</td></tr>
<tr><td>第三</td><td>通過匿名貸款獲得比特幣</td></tr>
</table>

圖 3-3 三種匿名購買比特幣的方法

　　用現金購買是匿名購買比特幣最好的選擇。大多數比特幣線上交易的過程是類似的,即需要使用者上傳身分證。而用現金購買可以避免線上交易,不用上傳身分證使用者,可以親自接見比特幣賣方,支付現金即可獲得比特幣。只要使用者願意,用現金購買比特幣有很多可以使用的方法來避免賣方知道自己的身分資訊。

　　在 VirWox 網站上購買比特幣也可以實現一定的匿名性。當然,在 VirWox 上購買比特幣無法實現完全匿名,因為該網站仍然要求使用者透露一些資訊。不過,相比於其他一些比特幣線上交易要求使用者提供銀行帳戶和個人證件資訊,透過 VirWox 網站購買比特幣可以實現更好的匿名性。

　　在 VirWox 網站上,使用者需要一個免費帳戶來購買林登幣(第二人生 3D 網路遊戲裡的虛擬遊戲幣)。使用者可以使用的支付方式有 PayPal、Skrill 等。為了實現更好的匿名性,使用者可以選擇使用 paysafecard 支付。有了 paysafecard,即便沒有身分證、銀行帳戶或者信用卡,使用者也可以購買林登幣,還可以在無須驗證的情況下將林登幣兌換成比特幣。

　　透過匿名貸款獲得比特幣也是一種可行方式。根據以往經驗,用信用卡購買比特幣是很難實現匿名的。但是,比特幣貸款就不一樣了。比如,Reddit 就免除了小額貸款計畫中複雜的身分認證過程。

　　事實上,以區塊鏈作為底層技術支援的數位貨幣都可以實現匿名,下面

我們看看新興數位貨幣 ZCash 如何實現匿名的。

ZCash 與比特幣一樣，都建立在區塊鏈之上。不同的是，ZCash 實現了完全的匿名。ZCash 有一個非常特別的功能，即使用者可以自由選擇隱私級別，自主決定公開哪些資料。比如，一個大學生接受了父母給其發送的一筆 ZCash，然後這個大學生將隱私級別設定為只有父母可以看到這筆錢的交易資訊。

ZCash 的發明者以及公司 CEO Zooko Wilcox 稱：「這款新型貨幣使用者的身分將在真正意義上難以識別，使其管理具有更強的保密性。」儘管比特幣等數位貨幣都具有匿名性，但在現實生活中我們可以透過區塊鏈的記錄與追蹤交易獲知比特幣的發送地點，從而定位到發送者。

然而 ZCash 透過密碼運算，即零知識證明（密碼學術語，意思是在不讓對方知道任何資訊的條件下證明一件事）保證了使用者在不泄露身分資訊以及執行金額的情況下進行交易，給了使用者更多的控制權。

對此，ZCash 官網有如下說明：「不同於比特幣，ZCash 的交易完全對發送者、接受者以及交易鏈中的其他資訊保密。只有那些有權限者才能夠了解交易細節。使用者有完全的控制權自行決定是否賦予他人了解交易細節的權限。」

ZCash 的設想最早出現在 2014 年 Zooko Wilcox 的一篇學術論文中。按照計畫，ZCash 的開發工作非常順利，並且取得了初步進展。當然，在形成完整的開放系統之前，Zooko Wilcox 還需要做很多工作。

為了進一步調試 ZCash 的開發和設計，ZCash 團隊於 2016 年 7 月推出了 Zcash 測試版。同時，人們可以透過 ZCash 網站上「testnet」系統參與測試版的體驗，提前使用這種當前沒有價值但未來將有很大升值空間的貨幣。

2016 年 10 月 28 日，ZCash 正式推出同名數位貨幣 —— ZCash。Zooko

Wilcox 說：「我們非常興奮，因為 ZCash 數位貨幣的誕生意味著區塊鏈屬性和加密功能首次結合在了一起。」

比如說，如果使用者使用 ZCash 完成了一筆交易，區塊鏈上留下的資訊就是交易發生了，而具體花費了幾個 ZCash 貨幣，購買了什麼，只有使用者自己才知道。

Zooko Wilcox 還說：「ZCash 透過給每筆交易加密，解決了使用者的隱私問題。我們使用的加密演算法是標準的、現代的、高科技的，如同保護網站、電子郵件和網際網路上一切內容的加密方式一樣。」

ZCash 的投資人 Roger Ver 說：「經濟學規律和物理學規律一樣都是一成不變的。優秀的貨幣應當是每一個單位都與其他任何單位都一樣。對於數位貨幣來說，將其設為私有是最好的方法。」

如果有足夠多的人關心數位貨幣交易的匿名性問題，那麼這種貨幣將會大獲成功。其實，早在 1998 年，DigiCash 由於日常消費者對金融隱私不夠重視而宣告破產，但隨著人們對隱私的重視度增強，DigiCash 的歷史應當不會重演。

Zooko Wilcox 對 ZCash 的未來也非常有信心，他說：「我認為隱私具有重要的個人和社會價值，它可以保護個人和社會的隱私，讓個人和社會的價值升值。每當有關 ZCash 計畫的文章出現的時候，網友或者身邊的朋友們就會告訴我他們也感受到了這一點。他們對此非常開心，並且很高興看到我們為之努力，他們希望我們能夠成功。」

無論是比特幣還是 ZCash 都說明了一點，區塊鏈可以幫助人們實現匿名，這不僅僅是夢想。

3.3
共識機制

區塊鏈的共識機制用於驗證每一次記錄的有效性，從而防止任意節點篡改資料。區塊鏈上的共識機制有很多種，不同的應用場景根據效率和安全性的考量選擇不同的共識機制。共識機制主要包括工作量證明（Proof of Work, PoW）、權益證明（Proof of Stake, PoS）、股份授權證明（Delegate Proof of Stake, DPoS），其簡介如表 3-1 所示。

3.3.1　工作量證明機制

由於比特幣是區塊鏈的第一個產物，所以，我們以比特幣為例講述區塊鏈的共識機制 —— 工作量證明。

本書 1.1.3 小節中講道，比特幣區塊鏈是以每個節點的算力來競爭記帳權的一個系統。在區塊鏈系統中，算力競賽每十分鐘進行一次，而競賽的勝利者就獲得一次記帳的權力，即向區塊鏈這個總帳本寫入記錄的權力。這就導致在一段時間內只有競爭的勝利者才能完成一輪記帳並向其他節點同步增加新的帳本資訊、產生新的區塊。

作為一個記帳系統，區塊鏈不僅可以記錄以比特幣為代表的數位形式的貨幣，還可以記錄能用數字定義的其他任何資產。這意味著區塊鏈可以定義更為複雜的交易邏輯，比如股權、產權、債權、版權、合約、公證、投票等可以用數位形式進行價值儲存或轉移的任何東西。但是，當區塊鏈應用於不同場景時，使用的共識機制就不一定是工作量證明機制了，還有可能是上文提到的權益證明機制、股權授權證明機制或者其他共識機制。

表 3-1 區塊鏈三種共識機制的簡介

共識機制	工作原理	優點	缺點	使用計畫
工作量證明	利用機器進行數學運算來競爭記帳權；與其他共事機制相比，資源消耗高、可監管性弱；每次達成共識需要權網共同參與運算；性能效率比較低；容錯性方面允許全網 50% 節點出錯	完全去中心化，節點自由進	出比特幣已經吸引全球大部分算力，其他在用工作量證明機制的區塊練應用很難獲得相同的算力來保障自身的安全；挖礦造成大量的資源浪費；共識達成的周期較長	比特幣，以太坊前三個階段段，即 Firontier（先進）、Homestead（家園）、Metropolis（大都會）
權益證明	節點記帳權的獲得難度與節點持有的權益成反比；比工作量證明機制的資源消耗少，性能有所提升，但依然是基於雜湊運算競爭獲取記帳權的方式，可監管性弱；容錯性方面允許全網 50% 節點出錯；權益證明是工作量證明的升級版本，根據每個節點所占代幣的比例和時間等比例的降低挖礦難度，從而加快找隨機數的速度	在一定程度上縮短了共識達成的時間；不再需要大量消耗能源挖礦	在本質上依然是挖礦，沒有解決商業應用的痛點；這種確認是一種概率上的表達，不能保證是一個確定性的事情，理論上有可能存在其他攻擊影響。例如，以太坊的 The DAO 攻擊事件造成以太坊硬分叉，而 ETC 由此事件出現，事實上證明了此次硬分叉的失敗	以太坊第四個階段，即 Serenity（寧靜）
股權證明	與權益證明的主要區別在於節點選舉若干代理人，由代理人驗證和記帳；其合規監管、性能、資源消耗和容錯性與權益證明相似。類似於董事會投票，持幣者投出一定數量的節點，代理他們進行驗證和記帳	大幅縮小參與驗證和記帳節點的數量，可以達到秒級的共識驗證	整個共識機制依然依賴於代幣，而很多商業應用是不需要代幣存在的	點點幣（Peercoin）和未來幣(NXT)

3.3.2 中心維護到參與者共同維護

在區塊鏈共識機制發揮作用的過程中，所有當前參與的節點共同維護著交易及資料庫，它使交易基於密碼學原理而不基於信任，使任何達成一致的雙方，能夠直接進行支付交易，無須第三方參與。

作為記錄交易的資料結構，區塊鏈由眾多已經達成交易的區塊連接在一起形成，所有參與運算的節點都記錄了主鏈或主鏈的一部分。在區塊鏈上，每一個節點都有一份完整的已有區塊鏈備份記錄，而這些都是透過進行資料驗證演算法解密的礦工網路自動完成的。區塊鏈上保留著所有關於每個節點和節點上比特幣餘額的資訊，這些資訊也被記錄在完整的區塊鏈上。

公共式區塊鏈帳本完全對外公開，這意味著區塊鏈資訊可以透過特定位址在區塊鏈瀏覽器上進行查詢。因此，我們才敢肯定地說，區塊鏈透過均等的節點權利和義務保證了絕對公正。

大家可以想像一下以下這個場景：這裡有兩個銀行和兩個使用者——銀行甲和銀行乙以及使用者 A 和使用者 B，使用者 A 還使用一款第三方支付軟體丙。銀行甲、銀行乙以及第三方支付丙都分別用自己的資訊系統為使用者記錄帳戶餘額，這基本上就是當今金融世界裡的樣子。

在銀行甲的系統中有如下記錄：「銀行乙欠自己 100 萬美元；使用者 A 透支了 20 萬元人民幣；使用者 B 有存款 5 萬元人民幣。」

在銀行乙的系統中有如下記錄：「自己欠銀行甲 100 萬美元；使用者 A 有存款 12 萬元人民幣；使用者 B 有存款 4 萬元人民幣；自己在第三方支付丙上有 200 萬元人民幣。」

而使用者 A 在銀行甲透支了 20 萬元人民幣，在銀行乙有存款 12 萬元人民幣，在第三方支付丙上還有 2 萬元人民幣的餘額。因此，只有透過兩個銀行和一個第三方支付的三個系統才能運算出使用者 A 真正擁有的財產。

我們可以看到，銀行甲與銀行乙之間 100 萬美元的借款被記錄了兩次。

事實上，每個銀行都必須花費大量的時間與金錢去開發和維護系統用來記錄資訊。更麻煩的是它們需要花費更多的時間和金錢在各銀行之間互相檢查對帳，銀產業的資料還需要使用多個不同的系統去記錄。而且銀行需要在對帳方面付出高昂的成本，以確保各方資訊的準確性。

下面用一張圖表來記錄上面例子中的所有資料，如表 3-2 所示。

表 3-2 銀行、使用者以及第三方支付之間的所有資料

甲方	乙方	數額	貨幣類型
銀行甲	銀行乙	100 萬	美元
銀行甲	使用者 A	20 萬	人民幣
銀行乙	第三方支付丙	200 萬	人民幣
使用者 A	銀行乙	12 萬	人民幣
使用者 A	第三方支付丙	2 萬	人民幣
使用者 B	銀行甲	5 萬	人民幣
使用者 B	銀行乙	4 萬	人民幣

表 3-2 和之前銀行各自記錄的內容是一樣的，但是這種記錄方式使得銀行與使用者之間不用維護自己的系統，而且最關鍵的是完全省去了銀行之間對帳的流程。這時可能有人就會有疑問，為什麼不用一個統一帳本記帳呢？區塊鏈就是這樣做的。

區塊鏈是一個共享網路，所有銀行和使用者都在這個網路當中，沒有一個中心系統會維護帳本，取而代之的是網路中的所有銀行和使用者都有這個帳本的最新內容，帳本由網路中的所有參與者共同維護。這樣就防止了中心系統故障引起的帳本丟失，而且每個參與者都對帳本的安全與穩定造成了重要作用。

3.4
智慧合約

> 智慧合約指的是基於區塊鏈中不可被隨意篡改的資料自動化執行一些
> 預先設定好的規則和條款,比如基於使用者真實的資訊資料進行自動理賠
> 的醫療保險。區塊鏈使智慧合約有機會用於現實生活中。

3.4.1 以數位形式定義的承諾

智慧合約(smart contract)的概念可以追溯到 1995 年,由密碼學家和數位貨幣研究者尼克·薩博(Nick Szabo)提出。尼克·薩博對智慧合約的定義如下:「智慧合約是一套以數位形式定義的承諾(promises),合約參與方可以在上面執行這些承諾的協議。」

在該定義中,「一套承諾」指的是合約雙方共同制定的權利和義務,合約的本質和目的都將透過這些承諾體現出來。以一個買賣合約為例,一套承諾指的是賣家承諾發送貨物,買家承諾支付合理的貨款。

「數位形式」指的是合約將會以可讀代碼的形式寫入電腦。因為智慧合約建立的權利和義務是透過電腦網路執行的,所以參與方達成協定後必須完成這一步操作。

「協議」指的是合約承諾被實現的技術,合約履行期間被交易資產的本質決定了協議的選擇。還是以買賣合約為例,假設買賣雙方都同意使用比特幣作為支付方式。在這種情況下,雙方選擇的實現合約承諾的技術就是比特幣協議,智慧合約將會在比特幣協議上實現。在這裡,用比特幣腳本語言的數位形式定義合約承諾。

智慧合約的誕生擴大了區塊鏈的應用範圍,更多的指令將會透過區塊鏈

智慧合約來執行。由於智慧合約完全是代碼定義和執行的，所以實現了完全自動而且人工無法干預的模式。智慧合約的操作方式是由其自治、自足、去中心化的三大特徵決定的。

自治指的是智慧合約一旦啟動就會自動執行整個過程，包括發起人在內的任何人都沒有能力進行干預；自足指的是智慧合約透過加強服務或者發行資產的方式來獲取資金；去中心化指的是智慧合約的運行系統是分散式的，沒有中心化的伺服器，而且透過網路節點自動運行。

尼克‧薩博認為，智慧合約最簡單的形式就是自動販賣機。兩者的道理是一樣的，用自動販賣機買東西，只要放入錢，選擇商品，商品就會自動掉出。操作相同，結果相同。而智慧合約只要有預先設定好的代碼，就會一直按照代碼來執行，代碼相同，執行結果相同。

在商業領域，很多問題的執行依賴於信任，這使執行變得非常複雜，而智慧合約幫助大家解決了這一難題。當高效的全自動執行系統替代了低效的人工判斷機制，智慧合約在最小化信任的基礎上讓事情變得更加便捷。

下面以智慧遺囑為例，看智慧合約的應用。假設「如果父親去世，兒子在結婚後才可以獲得其財產」是一個智慧遺囑。這個交易事件需要到未來某個事件發生或者未來某個時間點被觸發才能執行合約。第一個條件是父親去世，系統首先會掃描一份線上死亡資料庫證明父親已經去世；第二個條件是兒子結婚，當智慧合約確認了死亡資訊後，程式會設定一個交易日期，一旦透過婚姻資訊線上資料庫掃描到兒子登記結婚，就會自動發送財產到兒子名下。

區塊鏈智慧合約在遺囑執行方面的應用已經被某些公司關注，比如 Blockchain Apparatus。Blockchain Apparatus 是美國 Blockchain Technologies Corp 集團啟動的眾多創業公司之一。該公司致力於研究基於區塊鏈技術的新應用，目前從事一些法律領域方面的研究，這為法律服務產業提供新發展。

截至 2016 年 7 月，Blockchain Apparatus 已經開發了一些區塊鏈投票創新應用，並且開始研究執行醫囑的區塊鏈智慧合約。將遺囑管理交給軟體來運行，無須人為控制，這在歷史上第一次有可能實現，而且這一創新應用必將在未來改變人們管理自己財產的方式。

Blockchain Technologies Corp 的法律顧問成員艾瑞克・迪克遜（Eric Dixon）認為：「智慧遺囑或者更廣泛的智慧合約文件擊中了大部分家庭和法院訴訟代理人的心。它在一個可定義且固定的時間內為立遺囑人的真實意願提供了更有力的證據。」

當前，因為無法保證遺囑的真實性而導致的遺囑訴訟案件非常多，遺囑的表述模稜兩可或者無法處理而造成解讀分歧，這也是發生遺囑訴訟案件的原因之一。

艾瑞克・迪克遜強調說：「區塊鏈智慧遺囑可以保證遺囑的真實性、排除偽造的可能性、使遺囑的維護變得更容易、使法院獲得事實的速度加快。」

區塊鏈技術允許遺囑修改，每次修改儲存在其原始狀態，而不需要經過繁雜的法律程式。艾瑞克・迪克遜解釋說：「區塊鏈將文件創作和提交到區塊鏈的資訊全部記錄下來，很容易就能證明遺囑的存在。這樣一來，猜測一份遺囑簽訂的時間將是一件愚蠢的事情，因為區塊鏈給出了最好的答案。」

智慧遺囑只是一個開始，智慧合約還將會改變政府、企業以及個人管理文件的方式。總而言之，智慧合約有著廣泛的應用領域，但產業化之路還需要大家共同探索。

3.4.2　全面解析智慧期權合約

期權與股票一樣是一種金融工具，是買方向賣方支付一定的權利金後擁有的在未來某一時間段內或特定日期以事先約定價格向賣方購買或出售特定商品的權力，分為看漲期權和看跌期權。

看漲期權指的是在合約規定的有效時間內，期權持有者按照規定價格和數量購進相應標的物的權力。期權持有者之所以購買這種期權，是因為他對標的物的價格看漲，可以在未來獲利。與之對應的，看跌期權指的是在合約規定的有效時間內，期權持有者按照規定價格和數量出售相應標的物的權力。

下面我們以看漲期權為例，講解期權的運作過程。購買看漲期權後，如果標的物的市價高於合約規定的價格與期權費用之和時（不包括傭金），期權持有者就可以按照合約規定的價格和數量購買標的物，然後按照市價出售或者轉讓買進的期權，獲取利潤；如果標的物的市價高於合約規定的價格，但是低於合約規定的價格與期權費用之和，那麼期權持有者將會損失一部分期權費用；如果標的物市價低於合約規定的價格時，那麼期權持有者將會損失全部的期權費用，而且沒有行權權力。綜上，期權持有者購買期權的最大損失為期權費用加傭金。

比如，一個石油提煉商根據形勢判斷原油的價格會上漲，於是想到購買原油看漲期權。他以每桶 0.5 美元權利金的價格買入了執行價格為 54 美元 /桶的 100 手合約（每一手合約代表 1,000 桶原油）。在到期時，該石油提煉商的收益損失如表 3-3 所示。

表 3-3 石油提煉商的收益損失

市場價格（美元 / 桶）	結果
大於 54.5	收益＝（市場價格－54.4）x1,000x100
54.5	損益平衡點
54 ～ 54.5	損失＝（54.5－市場價格）x1,000x100
小於 54	損失＝0.5x1,000x100（全部權利金）

了解了期權的運作過程後，我們接著看智慧合約在期權領域的應用。以一個簡單的智慧期權合約為例，甲從乙處購買了智慧股票期權合約，這個合約就使乙可以用每股 10 元的價格購買甲在 A 公司的 2,000 股股票。這個合約

規定了期限，如果乙超過期限未行權，期權合約將自動作廢。

　　智慧股票期權合約定義的相關條款包括合約相關資產、合約方身分、行使價、合約有效期等。合約到期以前，智慧期權合約的「exercise」功能將會自動執行持有人以行使價購買股份的行為。首先，「exercise」功能會檢查發起交易者是否是合約股票的持有人，然後檢查當前是否依舊是合約有效期。如果兩者檢查均透過，合約會立即執行，系統戶根據合約條款將現金從持有人一方轉移到賣家一方，而將股票資產轉移給持有人。

　　智慧合約目前還僅僅作為理論存在著。智慧合約應用到現實世界裡有兩大難題。

　　第一個難題是智慧合約難以把控實物資產保證合約的有效執行。以販賣機為例，販賣機透過將商品保存在內部硬體中嚴控財產所有權，但是代碼應當怎麼做呢？在智慧期權合約中，「exercise」功能需要在合約雙方之間轉移現金和股份資產，但是電腦程式要怎麼控制現實世界的現金、股份等資產呢？

　　第二個難題是智慧合約難以獲得合約雙方的信任。對於合約代碼以及解釋和執行代碼的電腦，合約雙方需要有一個共享的標準，可以驗證電腦是否有問題。

　　當前，區塊鏈技術的發展應用還處於探索階段，但是沒有人懷疑區塊鏈將會解決智慧合約面臨的兩大難題。

　　首先，區塊鏈使得電腦代碼控制現實資產，保證智慧合約的有效執行。區塊鏈數位貨幣可以使現實資產轉化為電腦代碼，從而控制現實中的資產。在區塊鏈上，資產的控制不需要控制實物，而是控制資產對應的金鑰。因此，在上述案例中，期權智慧合約就可以控制合約相關資產，而不需要代管機構。一旦啟動「exercise」功能，代碼執行就可以完成資產轉移，無須人力參與。

其次，區塊鏈解決了信任難題。區塊鏈的功能不僅限於資料庫，還可以記錄資產所有權以及執行代碼的分散式電腦。期權持有者可以將購買的期權上傳並儲存在區塊鏈中，並根據指令執行。區塊鏈這一優勢同樣適用於執行智慧合約。一旦區塊鏈記錄了合約代碼，合約方就可以確定合約不會被更改。

區塊鏈智慧合約離我們的生活並不遙遠。證券交易所、銀行以及其他金融機構都在積極研究開發區塊鏈相關應用，希望可以實現利用區塊鏈技術記錄和交易現實資產的功能。

目前，透過區塊鏈技術將智慧合約的應用真正落地還處於研究探索期，但是區塊鏈是人類發現的首個可以實現智慧合約商業用途的技術。

3.4.3 票據理財的守護神 —— 數位化契約

「收益不需要太高，只要安全；模式新不新不重要，只要能夠正常營運」這體現了投資人對理財風險的無奈表態。在股市、基金、P2P、股權眾籌紛紛不樂觀的情況下，一直以「安全」著稱的票據理財也出現了諸多意外。

本書在 3.1.4 小節中已經指出，票據業務領域的亂象非常多，除了一票多賣等票據違規交易問題，還包括複製票、假票、變造票等違規操作問題。票據識別、擔保資訊不透明、風險高、票據品質差等問題已經成為票據理財的威脅者。中匯線上、農業銀行北京分行以及中信銀行，都是這些威脅者的犧牲品。隨著區塊鏈智慧合約的興起，更多人將票據理財安全的重擔寄希望於它的身上。

在票據理財業務中，銀行的承兌匯票是安全的基本保障，而最大的風險來自於票據的真假和交易資訊的不對稱。而區塊鏈智慧合約將會保證參與者有能力查看區塊鏈上的各項操作資訊。

當區塊鏈智慧合約被運用到票據理財交易中，票據從申請、發行、交易

到承兌，整個過程中的所有環節都將被完整記錄下來，並且無法篡改。監管部門可以很方便地查詢，如果票據被非法占有，區塊鏈智慧合約上將顯示出票據的轉移路徑，有利於將其找回。

然而，要實現以上設想，前提是由數位化契約形成資料票據池。票據的發行方、流通方等必須按照區塊鏈智慧合約的規則將票據進行登記和資料備份。

從表面上看，區塊鏈智慧合約將會解決票據理財的風險敞口，但事實並非如此。區塊鏈本質上只是一種網際網路技術，其作用是將票據信用轉化為數位信用，並沒有改變票據的金融屬性。利用區塊鏈智慧合約可以降低票據理財的風險，但依然離不開風控。

曾有專家表示：「目前區塊鏈技術只是一項新的金融工程，我們可以把它想像成是一個公共帳本，擁有為系統資料提供可靠架構、為網際網路金融建立信任關係等特點。這樣可以在比較大的程度上改善信用問題，但是其依然不能代替風控，至少目前是無法實現的，未來的路依然漫長。」

李華軍的觀點更加明確，稱：「當前的區塊鏈根本不可能運用到票據理財交易中，因為區塊鏈技術在金融體系內還沒有任何應用，當前仍然以紙本商業匯票為主，電子商業匯票只在一行大額支付清算系統中流轉，資料對外完全是封閉的。」

我們無法否認李華軍的觀點，但是探索區塊鏈智慧合約在票據理財領域的應用依然顯得很有必要。對於區塊鏈智慧合約應用在票據理財領域後的未來，我們表示期待。

第 4 章
區塊鏈與數位貨幣

區塊鏈誕生於比特幣,而以比特幣為首的數位貨幣是區塊鏈當前最主要的應用。自從 2009 年比特幣誕生以來,基於區塊鏈技術底層技術的數位貨幣在全球興起熱潮,並以顛覆世界的姿態衝擊著人們對以傳統貨幣為主體的現代金融體系的認知。本章一起了解區塊鏈與數位貨幣的知識。

4.1
貨幣的終極形態 —— 數位貨幣

> 貨幣就像一種活的生物體，在不同的時代環境下進化和演變出不同的生命形態，從貝殼到黃金白銀，再到紙幣，再到電子貨幣，最後到數位貨幣。儘管當下我們對電子貨幣已經習以為常，但是縱觀整個人類貨幣體系，我們很有可能已經迎來了貨幣的終極形態 —— 數位貨幣。

4.1.1　貨幣自身形態進化論

自人類誕生以來就出現了價值交換，這也是貨幣自身形態進化的基礎。人類歷史發生了翻天覆地的變化，除了科技的巨大驅動以外，貨幣形態的進化也造成了巨大作用。下面一起看貨幣自身形態進化史。

在原始社會，人們主要以打獵為生，於是產生了最原始的價值交換方式

—— 以物易物。這種交易方式難以滿足人們對公平的需求，比如一個人試圖用自己飼養的一隻羊換另一個人飼養的一頭牛。

當人們意識到以物易物繁瑣而複雜的時候，作為交易媒介的實物貨幣開始出現。實物貨幣誕生的時間是原始社會末期。一般來說，遊牧民族以牲畜、獸皮類來實現貨幣職能，而農業民族以五穀、布帛、農具、陶器、海貝、珠玉等充當最早的實物貨幣。

然而，最早充當貨幣功能的實物流通範圍較小，而隨後出現的貝殼是流通最為廣泛的古代實物貨幣。因為牛、羊、豬等牲畜充當實物貨幣不能分割，而五穀的保固期較短，而珠玉又比較稀少，刀鏟等農具較為笨重，因此最後的實物貨幣集中為貝殼。漂亮的貝殼可以用作頸飾，體積小，便於攜帶與計數，而且還非常堅固耐用，因此在長期商品價值交換中被選為主要貨

幣。作為實物貨幣，貝殼一直沿用到春秋時期。因此，很多與價值、財富有關的中國漢字都與「貝」字有關，比如財、資、貴、貧、貪、購等。

以中國為例，春秋戰國時期的商品經濟急速發展，貝殼因為數量有限已經無法滿足人們在日常商品價值交換中的使用，於是，金屬稱量貨幣開始出現。金屬稱量貨幣在流通中需要分割和鑒定成色，使用起來比較麻煩，因此金屬鑄幣逐漸取代了金屬稱量貨幣。

政治統一要求經濟統一，於是秦統一六國後，秦始皇順應歷史發展趨勢，在統一文字、度量衡的同時，也統一了貨幣。秦始皇規定以「黃金」為上幣，以鎰（相當於 20 兩）為單位，以圓形方孔銅錢為下幣，以半兩為單位。錢文「半兩」的實重為半兩，這種圓形方孔的銅錢從此成為中國貨幣的主要形式，一直沿用兩千多年。秦朝的圓形方孔銅錢是世界上最早由政府法定的貨幣。

金屬貨幣也存在一些問題。動輒好幾十斤的金屬貨幣在運輸時會耗費很多的時間和精力，於是北宋時出現了紙幣。在貨幣史上，紙幣的出現是一個重要轉折點，也是人類歷史上的一大進步。紙幣出現在北宋具有一定的必然性，因為它是社會政治經濟高速發展的必然產物。

宋代的商品經濟空前繁榮，商品的價值交換也異常頻繁。頻繁的商品交易活動需要用到更多的貨幣，而當時銅錢短缺，已經遠遠無法滿足流通用量。當時的四川地區通行鐵錢，鐵錢量重值低，使用起來非常不方便。當時的一個銅錢相當於十個鐵錢，一千個鐵錢的重量為大錢 25 斤，小錢 13 斤。

當時的人如果想要到集市上買一匹布，大概需要鐵錢兩萬，重量為 500 斤，如果沒有車根本過不去。

作為宋代的經濟重地，成都通往外界的道路異常崎嶇難行，客觀上需要更為輕便的貨幣，這就是紙幣最早出現在四川的主要原因。另外，儘管北宋是一個高度集權的封建專制國家，但是沒有統一的全國貨幣，而是由幾個貨

幣區各自為政，互不通用。當時，4 路專用鐵錢（宋代的行政單位），13 路專用銅錢，陝西、山西則是銅錢、鐵錢兼用。而各個貨幣區都嚴禁貨幣外流，紙幣的出現正好可以防止銅錢、鐵錢外流。

此外，宋朝政府與夏、遼、金的關係緊張，經常受到這三個國家的侵略，於是需要用到大量的軍費和賠款開支，這也要求宋朝政府發行紙幣來彌補財政赤字。總之，種種原因促成了紙幣的產生，而紙幣在當時被稱作「交子」。一般來說，人們透過錢莊兌換交子。

1688 年，英國發生光榮革命，從此進入君主立憲制。到 1717 年，英國政府建立了事實上的標準化金本位英鎊，貨幣的標準化影響了全球各個國家，也是人類貨幣史上的重大進步，直接促進了工業革命的發展，使英國成為當時的世界霸主，人稱「日不落帝國」。

資訊革命爆發後，電子貨幣出現了。Digicash 公司發明匿名數位貨幣的技術宣告電子貨幣誕生。1995 年 10 月，第一家網路銀行在美國成立，隨後推出各種電子貨幣。

電子貨幣的產生和流通使實體貨幣與觀念貨幣發生分離，解決了經濟全球化背景下降低資訊成本和交易費用的問題。電子貨幣突破了空間限制，使資訊流、資金流可以透過網路迅速、便捷地傳輸。總之，電子貨幣的出現加快了經濟全球化，使人們可以更快、更省地處理經濟事務。

2008 年，全球經濟危機爆發，中本聰在網路上發表《比特幣：P2P 電子貨幣系統》論文，描述了比特幣的模式，並搭建起比特幣體系。之後陸續出現的萊特幣、約克幣等數位貨幣的相繼出現標誌著人類歷史進入數位貨幣時代。

數位貨幣是貨幣自身形態進化史的一部分，是數位科技革命的結晶，其誕生具有必然性。回顧人類歷史，任何一種新事物從誕生到發展成熟，都會經歷質疑乃至排斥。

與傳統貨幣一樣，數位貨幣也將不斷發展完善，最終走向成熟，以更適應社會生產力並為人類服務。目前來看，數位貨幣應當是人類貨幣的終極形態。

4.1.2 數位貨幣的零通路費用

縱觀全球，數位貨幣與 1990 年代初網際網路產業的發展情況非常像，任何新技術的發展也都會經歷這一歷程。從新技術的發展曲線來看，數位貨幣還處於一個很早期的階段。

那麼，數位貨幣對現有的金融體系會帶來什麼挑戰呢？與法定貨幣7%～8% 的通路費用相比，數位貨幣的通路費用幾乎為零。作為一個去中心的低成本通路，數位貨幣挑戰了當前的跨境支付體系。

關於當前的跨境支付體系，本書在 3.1.1 小節中有具體講述，這裡不再贅述。

4.1.3 順應經濟全球化趨勢的全球流通特性

經濟全球化趨勢的逐漸加強要求一種具有全球流通特性的貨幣去進行全球貿易，同時，如果由一個國家發行這種全球流通貨幣，結果就是極大地增加不同國家之間的交易成本。

假設 A 國的貨幣充當全球貨幣，那麼，B 國和 C 國進行貿易的時候都必須先向 A 國出口他們所能出口的東西，拿到 A 國貨幣，然後 B 國和 C 國才能用 A 國貨幣進行貿易。也就是說，凡是 A 國之外的其他國家進行貿易，都必須先對 A 國進行出口換取貨幣。在這個假設中，只有 A 國全體國民享受了隱形的貨幣收益。如果 A 國又發生了通貨膨脹，那麼 B 國和 C 國付出的成本將更多。

一旦 A 國從全球貿易中獲取的收益難以支撐貨幣成本，那麼隨著貨幣使用範圍的收縮，全球貿易體系將面臨崩潰。更致命的打擊是，一旦 A 國之外的另一個國家 D 建立了一個足夠齊全的工業門類和巨大規模的工業生產，那麼其他國家拿著 D 國的貨幣從 D 國購買商品，那時，A 國的貨幣將成為增加全球貿易成本，阻礙全球商品流通的東西。

數位貨幣的到來使以上問題都不復存在。數位貨幣將以一種全新的方式創造人類經濟活動的高峰。作為數位貨幣的代表，比特幣創建了人類第一個經濟共和。

在比特幣系統裡，人人擁有平等的經濟地位，而且可以隨時加入或退出。只要滿足基本的通訊條件，哪怕只有一個可以上網的餘額僅剩 1 元的智慧型手機，無論多麼巨大的資金量，都可以在 10 分鐘內完成全球任意位置的轉移。比特幣系統實現的資源分配不僅僅指資金的資源分配，這裡的資源遠遠超越貨幣的範疇。

舉例來說，美國和歐洲曾對伊朗進行經濟封鎖，導致伊朗的石油無法走出國門，極大地影響了伊朗的經濟。然而有了比特幣之後，伊朗可以直接利用石油燃燒發電，然後將大量的電用來「挖礦」。透過一個簡單的網路通訊，伊朗可以將龐大的石油財富轉化成比特幣，然後在 10 分鐘內到任何一個交易所進行兌現，換成外匯。這樣就打破了美國和歐洲的經濟封鎖。

貨幣承擔的主要功能是價值流通，而數位貨幣可以完美地承接這一功能。作為安全度高、全球通用、大小額度通吃的價值流通介質，數位貨幣甚至可以滿足人們任何形式的資金調度。數位貨幣或將成為人類最便捷的全球性資源分配工具。

4.2
比特幣能買到的酷炫商品

> 在第一章開頭，我們就講述了數位貨幣的龍頭老大 —— 比特幣。作為全球流通市值最大的數位貨幣，比特幣已經可以用於現實購物。下面一起看比特幣可以買到哪些酷炫商品。

4.2.1 午餐用比特幣訂 pizza

現實世界裡第一筆比特幣交易就是用於購買 pizza，美國佛羅里達州程式設計員拉斯洛·豪涅茨（Laszlo Hanyecz）就是交易者。2010 年 5 月 21 日，拉斯洛·豪涅茨用 1 萬個比特幣換了一張 pizza 連鎖店棒約翰的 pizza 優惠券，這張優惠券價值 25 美元。

如果拉斯洛·豪涅茨的比特幣保存至今天，比特幣已經升值了數十億倍。如果你身處美國、英國或者澳洲，你也可以使用比特幣購買 pizza。

PizzaforCoins 是一家專門做用比特幣購買 pizza 交易的創業公司。當前，網站的使用僅限於美國、英國、澳洲，加拿大地區正在開發中。你只需要選擇你的國家，就可以看到當地與這家公司合作的 pizza 品牌。比如，選擇美國，就會出現達美樂 pizza、必勝客和棒約翰三家 pizza 品牌。使用者選擇自己喜歡的一家，就可以開始點餐了。

必勝客一個大份雞翅的價格為 0.06 個比特幣左右，按照 2016 年 6 月 1 日一個比特幣價值 550 美元的市值運算，也就是 33 美元。然而，你只需要用比特幣支付就可以了。

在 PizzaforCoins 網站首頁上有詳細的「購物指南」，與一般網上訂餐的流程相似，使用者直接單擊「現在就訂餐」就能進入下一個頁面。預訂時，

使用者需要輸入名字和住址，然後網站就會跳轉至訂單界面，上面有 pizza 類型、用比特幣標註的價格等詳細資訊。選好這些後，待 Pizzaforcoins 確認支付成功，10 分鐘內就可以生成訂單了。

PizzaforCoins 的創始人是 Matt Burkinshaw 和 Riley Alexander，他們在網站「關於」部分稱，他們創建網站的目的是擴大比特幣在現實世界中的使用範圍。Matt Burkinshaw 和 Riley Alexander 都非常喜歡 pizza 這款義大利美食，對於是否要成為一個盈利企業，他們還沒有任何表示。

隨著 PizzaforCoins 的火紅，很多餐廳都開始支援用比特幣付款。比如，在網站 Bitcoin Restaurants 與 PizzaforCoins 類似，支援用比特幣進行線上訂餐，而且還將業務擴展到了餐廳。網站 Bitcoin Restaurants 的合作餐廳分布在 23 個州，其中加州最多，有 18 家餐廳都與這個網站合作。

4.2.2　比特幣支付，戴爾、蘋果都支援

2014 年 7 月 18 日，戴爾公司正式宣布使用者可以在戴爾網站上使用比特幣進行支付交易。在戴爾網站上，使用者可以用比特幣購買任何喜歡的戴爾商品。截至 2017 年，這一功能還只限於美國消費者以及一些小企業，在未來將會向國際市場推廣。

戴爾公司稱，作為一種新型的支付方式，比特幣可以為使用者提供更高的靈活度。公司 CEO 麥可．戴爾（Michael Dell）表示：「比特幣支付能在世界上任何地方輕鬆進行，可降低支付處理成本。使用者可完全控制比特幣，因此其比特幣帳戶無須與任何金融機構掛鉤、不會被凍結且交易費用低於多數信用卡。」

據了解，戴爾公司與 Coinbase 聯手為戴爾使用者提供了比特幣付款方式。購買過程與一般網購類似，使用者僅需三個步驟就能實現用比特幣支付，內容如圖 4-1 所示。

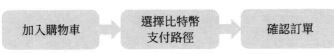

圖 4-1 戴爾使用者使用比特幣支付的三個步驟

第一步：加入購物車。當你登錄戴爾網站，準備購買看好的商品時，首先要將購買的商品添加到購物車，然後填寫送貨單，並選擇比特幣作為支付方式。當你提交訂單時，頁面會自動轉至 Coinbase.com 完成購買。

第二步：選擇比特幣支付路徑。轉至 Coinbase.com 以後，你需要選擇比特幣的支付路徑。這裡有兩種選擇：一是利用自動生成的付款位址或利用智慧型手機掃描 QR 碼，直接透過比特幣錢包進行支付；二是登錄之前設定好的 Coinbase 帳戶並直接支付。

第三步：確認訂單。支付完成後，你將會返回到戴爾網站上確認訂單。在戴爾網站上使用比特幣支付的整個過程是非常簡單的。

另外，戴爾公司為了慶祝推出比特幣支付功能，對所有使用比特幣購買戴爾商品的客戶提供 10% 的優惠（最高不超過 150 美元）。

戴爾公司全線支援比特幣交易成為繼蘋果公司之後，表態支援比特幣交易的又一大科技公司。

就在 2014 年 6 月初，也就是蘋果公司召開 WWDC（蘋果全球開發者大會）期間，蘋果公司更新了 App Store 商店的審查指南。根據指南的第 11.17 條顯示：「只要不違反當地的法律，應用程式可以允許虛擬貨幣進行傳輸。」這意味著蘋果公司可能允許使用比特幣在 App Store 商店內購買應用。

審查指南更新後，App Store 上線了首款比特幣應用 Coin Pocket。這款應用允許使用者收發比特幣、查看價格、收集資產並進行加密。這一舉動說明蘋果公司允許比特幣應用進入 App Store。在不遠的將來，蘋果公司對比特幣應用的態度將會更加開放。

4.2.3　用比特幣全額購買特斯拉 Model3

2016 年 4 月 5 日，比特幣已經從最初可以訂 pizza 到全額購買一輛新型汽車 了。BitGo（比特 幣安 全平 台）的軟 體工 程師 梅森·博爾 達（Mason Borda）就使用比特幣全額購買了一輛特斯拉 Model3。

梅森·博爾達在自己的部落格上發文說「我剛剛預訂了一輛特斯拉 Model3，並用比特幣付了全款」。他還解釋了自己如何發現並看中了這款超酷的特斯拉汽車以及他是如何用比特幣從電動汽車製造商那裡買下了這輛車。

梅森·博爾達預訂這輛車時，並沒有直接將比特幣發送到錢包位址，也沒有使用特斯拉網站提供的比特幣支付網站，而是利用了傳統的法幣支付通路，使用比特幣在汽車製造商的網站上支付。梅森·博爾達首先使用 ShakePay（利用比特幣購買信用卡的比特幣應用）創建了一個信用卡，並向其中存入了價值 1,000 美元的比特幣，用於支付預訂汽車的款項。支付完預訂款後，他又支付了剩餘的價值 34,000 美元的比特幣，預計 2017 年年末就可以提車，如果特斯拉公司不延期交付的話。

2016 年 10 月，梅森·博爾達購買的這款特斯拉 Model3 汽車預訂名額已滿，而且公司表示兩年內不再啟動預訂工作。

比特幣的商品的交易範圍不僅限於 pizza、戴爾商品、蘋果應用、新型汽車，購買飛機票、住酒店等都可以使用比特幣。

拉脫維亞波羅的海航空公司（airBaltic）接受比特幣支付，其官網上有比特幣通路。目前，該航空公司支援飛往中國、越南、俄羅斯、冰島等 60 多個目的地，支付範圍僅限於最低價位的機票。airBaltic 是全球第一家支援比特幣支付的航空公司，如果你想去三亞過冬，透過官網 airBaltic 就可以直接訂票，與他們合作的第三方支付機構 Bitpay 負責比特幣的匯率兌換處理。

　　另外，美國加利福尼亞迪士尼樂園的 Howard Johnson 酒店的老闆 Jefferson Kim 是一個比特幣愛好者，他的酒店就支援比特幣訂房。如果你恰好在美國出差，想要住在 Howard Johnson 酒店，就可以用比特幣在酒店官網上進行預訂。其官網詳細地介紹了應該如何用比特幣來訂房的流程。另外，一家線上的旅遊網站 Expedia 是第一家接受比特幣的主要旅行機構，使用者可以在這裡進行酒店預訂。

　　也許在不久的將來，比特幣的使用範圍將會更加廣泛，比特幣的價值會更高，讓我們拭目以待。

4.3
數位貨幣潮流 —— 以太坊

> 　　以太坊（Ethereum, ETH）是一個平台和一種程式語言，開發人員可以在平台上建立和發布下一代分散式應用。在比特幣這個先行者的基礎上，以太坊則正在拓展新的領域，在決策層面和執行層面都是這樣。比特幣有意限制了其腳本語言，以太坊的程式語言卻可以讓大家實現更多的功能。另外，以太坊的系列化開發工具也受到了開發者追捧。最重要的是，以太坊在嘗試許多全新的事物，雖然大部分都在實驗中，我們可以看到來自世界各地的開發者做出的應用程式列表。目前，這個列表正在迅速擴充中。以太坊在一定程度上代表了數位貨幣發展的潮流。

4.3.1　以太坊的發行模式

　　作為一種數位貨幣，以太坊是推動以太坊平台上分散式應用的加密燃

料。與比特幣一樣，以太坊透過挖礦的形式發行，但是每年的發行數量保持不變。以太坊每年的發行數量是預售以太坊總量的 0.3 倍。

儘管以太坊每年的發行數量一定，但是貨幣總量成長的速率並不是固定的。每年都會有一定數量的以太坊因為金鑰丟失而損失，損失比率達到 1%。比如，擁有者在去世前沒有把金鑰告訴他人或者故意將以太坊發送到沒有金鑰的位址中，造成以太坊數量上的下降。

如果我們假設在預售時會賣出價值 10 萬比特幣的以太坊，每一比特幣的價格等於 600 以太坊，那麼將會有 60,000,000 以太坊在創始區塊中被創造出來和分配給購買者。因為以太坊每年的發行數量是預售總量的 0.03 倍，因此每年都會有 18,000,000 個以太坊透過挖礦的形式發行。

考慮到新發行的數量和丟失比率，以太坊第 1 年的通貨膨脹率是 22.4%，第 2 年是 18.1%，第 10 年，通貨膨脹率降到了 7.0%。第 38 年，通貨膨脹率是 1.9%，第 64 年降到了 1.0%。以太坊存量以及通貨膨脹率隨時間變化的趨勢如圖 4-2 所示。

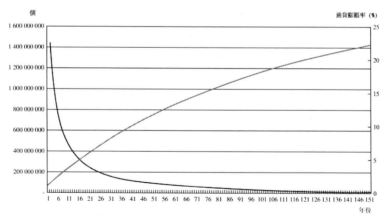

圖 4-2 以太坊存量（個）以及通貨膨脹率（%）隨時間變化的趨勢

大約在 2140 年的時候，比特幣幾乎停止發行。由於每年都會有一些比特

幣丟失，所以比特幣的總量將會不斷下降。與此同時，以太坊每年丟失的速度將會與發行速度達到平衡。

在動態平衡的情況下，以太坊的現存總量將不再增加。如果經濟擴張造成以太坊需求持續成長，那麼價格將會進入通貨緊縮機制。以太坊系統對通貨緊縮的抵抗力是非常強的，因為以太坊可以無限細分。只要通貨緊縮不是特別劇烈，價格機制會做出調整保證以太坊系統平穩運行。

在法幣肆意增發的時代，人們更渴求的應當是一種最終可以充當相對穩定的價值儲存器的數位貨幣。以太坊認同這一價值，並試圖在這一核心價值主張下發展壯大起來。

以太坊深刻地認識到，一個基於共識的分散式應用平台必須注重包容性。而保持一個具有攪動作用的發行系統是培育包容性的根本方法。以太坊系統的開發者可以購買或者開發新的以太坊，不論他們生活在 2017 年還是 2027 年。

我們相信，恆定的以太坊發行將使利用以太坊在以太坊經濟體系內創建企業比投機性存幣獲得的利益更大，尤其是在以太坊發展的早期。

4.3.2 暴漲 15 倍的以太坊

2013 年 12 月，以太坊的交易價格為 0.9 美元。2014 年 5 月，它已大漲 15 倍，逼近 15 美元。作為比特幣之後崛起的另外一種數位貨幣，以太坊的價格究竟是如何被炒起來的？

2016 年 4 月，以太坊社區出現了這樣一個計畫，它是一個分散式組織，沒有中心領導者。從理論上講，只要有一台聯網的電腦，任何人都可以創造它。很多觀察員以及以太坊社區成員都對其表示看好。

這個計畫的名字為「The DAO」，是一種新型實體的分散式自治組織。

截至 2016 年 5 月初，這個神祕的計畫已經成功募集到價值 5 千萬美元的以太坊，在世界眾籌金額排行榜上名列第二，僅次於遊戲計畫 star citizen（星際公民）。目前，The DAO 是支援以太坊相關計畫的主要工具之一。

The DAO 相當於一個以太坊流通樞紐，透過發售代幣以及投票權募集以太坊，然後將募集到的以太坊依據規則分給其他創業公司以及計畫。在 The DAO 計畫發布時，Slock.it 區塊鏈公司以及 Mobotiq 共享式電動汽車網路建構公司已經被列為計畫潛在的承包商。

與擁有指定管理結構的傳統公司不一樣，The DAO 的運作模式是集體投票。用以太坊購買 The DAO 代幣的人就是計畫股東，他們收到的分紅有可能包括以太坊。以此為基礎，The DAO 代幣的持有者透過選舉決定計畫的監護人有哪些，而且監護人隨時可能發生變化。目前，以太坊創始人 Vitalik Buterin 就在 The DAO 的監護人名單中。

然而，關於 The DAO 計畫的確切起源，至今無人知曉。那些參與這一計畫代碼的貢獻者們構成了一個錯綜複雜的關係網路。Slock.it 公司的聯合創始人兼 CEO Christoph Jentzsch 是 The DAO 計畫開源框架的創造者。

據 Christoph Jentzsch 說：「沒有人知道是誰發起了這個計畫，包括我。當然，我們可以在區塊鏈上看到這個位址，但是我們無法知道這個位址的擁有者是誰。與 The DAO 對話的唯一方式，就是提出意見，並進行表決。」

The DAO 計畫將以太坊的價格推至頂峰。2016 年 12 月，以太坊分叉 ETH 鏈面臨垃圾交易攻擊問題鬧得沸沸揚揚，以太坊的價格持續走低，最低不到 7 美元。比起高峰時期的 15 美元，跌幅超過 50%。

2016 年下半年，以太坊開發團隊執行了多次技術硬分叉，但是從區塊鏈發生了一次意外分叉開始，以太坊的價格便開始走低。截至 2016 年 10 月之前，以太坊的總市值還保持在 10 億美元以上。假設以太坊是一家公司，那麼以太坊已經加入了獨角獸行列。

儘管以太坊的現狀並不樂觀，但以太坊開發者們依然保持著樂觀的看法。他們認為，包括比特幣在內的任何數位貨幣都不可能長盛不衰，以太坊系統發生的漏洞可以給他們帶來寶貴的經驗教訓。只有總結經驗教訓，採取解決措施，然後有效防止類似的事件再次發生。

以太坊基金會安全負責人 Martin Holst Swende 表示，他們正在提高團隊的檢測、分析、溝通以及合作能力。除此之外，以太坊開發團隊正在研究一種「事後剖析」報告，概述各種以太坊漏洞中得到的經驗教訓。

在 2017 年，以太坊分叉 ETH 鏈將會進行共識演算法的重大更改，新的共識演算法 Casper 相當於模仿工作量證明機制的權益證明變種演算法。可以預見，以太坊分叉 ETH 鏈將會再次受到重大考驗。

以太坊創始人 Vitalik Buterin 提醒大家：「以太坊所處的領域是一個新興且不斷發展的高度技術領域。在您選擇參與之前，您應該認識一下風險有多高，包括無法預測的系統漏洞風險以及其他技術帶來的風險……如果您選擇使用以太坊平台，那麼您將會承擔這個新興平台的風險，這是必然的。」

4.3.3 比特幣 VS 以太坊

透過上面兩個小節的介紹，我們知道以太坊與比特幣的發行規則不同，那麼兩者的交易和投資方式有什麼不同呢？

自從以太坊誕生以來，就被視為比特幣的有力競爭對手。然而，技術專家和連續創業的企業家 AndreasM. Antonopoulos（著有《精通比特幣》一書）認為，以太坊不會是比特幣的競爭對手。這一觀點引發了業界對比特幣與以太坊的激烈討論。更多人開始關注比特幣與以太坊的不同，並討論兩種數位貨幣在交易和投資方式上的不同。

ARK 投資管理公司的分析員和區塊鏈產品主管 Chris Burniske 認為：「比特幣主要是在投資方面用於保值，而依靠以太坊網路執行智慧合約的以太坊

則更多地被視為一種交易工具。」

　　比特幣和以太坊系統都是基於區塊鏈技術建立的。兩者的共同特徵是交易公開記錄，貨幣及資產交易便捷優惠，沒有第三方仲介的參與。

　　截至 2016 年 5 月，全球內的比特幣 ATM 機數量為 670 台，支援比特幣支付的銷售點有成千上萬個。在這方面，以太坊由於發展較晚，所以在電子支付領域還沒有嶄露頭角。當前，以太坊的主要用途是支撐以太坊網路運行程式。

　　Strength in Numbers Foundation 的執行董事 David Duccini 說：「使用者對以太坊的期望與比特幣有所不同。兩種加密貨幣都可以進行投機買賣，但是以太坊的原始功能是支撐應用程式運行。因此使用者需要足夠多的以太坊運行自己的 APP。」

　　以太坊是作為比特幣的競爭對手超越比特幣，還是在其他領域走出自己的發展路徑，只能留給時間去驗證。

4.4
比特幣賺錢效應延伸 —— 萊特幣

> 　　與比特幣類似，萊特幣（Litecoin）也是一種基於區塊鏈技術的數位貨幣。根據 2017 年 2 月 10 日即時行情，萊特幣的價格在 26 元附近波動。作為公認的與比特幣最相近的數位貨幣，萊特幣延伸了比特幣的瘋狂賺錢效應，誘發了市場的投資熱情。

4.4.1　萊特幣的發行模式

　　萊特幣的創始人是前 Google 程式設計師李啟威，預期產值為 8,400 萬個。與比特幣不同，萊特幣網路每 2.5 分鐘就可以處理一個區塊，交易確認的速度更快。

　　萊特幣的發行模式與比特幣相似，由一個 P2P 網路透過 Scrypt 工作量證明機制來處理萊特幣交易、結餘以及發行。挖礦過程即透過電腦顯卡進行雜湊運算，如果出現「爆礦」值，系統會一次性獎勵 50 個萊特幣。萊特幣的發行速率按照等比數列每四年減少一半，最終達到總量 8,400 萬個。

　　由於當前的電腦算力成長迅速，礦工利用幾台電腦已經很難挖到萊特幣，因此需要加入礦池。礦池集合的算力巨大，運算出「爆礦」值的機率也更高。

　　下面總結了萊特幣區塊鏈的三個特點，內容如圖 4-3 所示。

圖 4-3 萊特幣區塊鏈的三個特點

第一個特點是處理的交易量更大。萊特幣網路每 2.5 分鐘就會生成新的區塊，而比特幣需要 10 分鐘，因此萊特幣區塊鏈中區塊的生成更加頻繁。如果區塊大小相同，萊特幣網路就可以支援更多的交易，而且不需要修改軟體。

第二個特點是挖礦採用 scrypt 加密演算法。萊特幣採用的共識機制為工作量證明機制，加密演算法為 scrypt 加密演算法，所以萊特幣適合顯卡挖礦。

第三個特點是升值空間大。目前，萊特幣的價格為每個 26 元左右，比起比特幣 6,600 多元的價格，萊特幣還存在較大的升值空間。

不過，從當前來看，還沒有較大型的礦場進行萊特幣挖礦，但隨著區塊鏈技術的發展，數位貨幣將會受到社會關注並真正投入到實際應用中。屆時，萊特幣將延伸比特幣的賺錢效應。

4.4.2　比特幣 VS 萊特幣

除比特幣以外，萊特幣是最正規和受到最多支援的數位貨幣。各國多個平台支援萊特幣交易，還有一些國家支援萊特幣在 ATM 機上提款。

為了幫助大家對投資比特幣和萊特幣的價值做出判斷，我們將比特幣與

萊特幣進行了對比。比特幣與萊特幣的主要區別如表 4-1 所示。

表 4-1 比特幣與萊特幣的主要區別

計畫		比特幣 Bitcoin	萊特幣 Litecoin
相同點		都是一種由開源 P2P 軟體產生的數位貨幣，主要特點有：去中心化、全世界流通、專屬所有權、低交易費用、無隱藏成本、跨平台挖掘，由於完全去中心化，沒有發行機構，也就不可能操縱發行數量	
不同點	演算法	比特幣是最早出現的虛擬幣，也是最多人認同的有金融投資價值的數位貨幣，被喻為「黃金」，數量只有 2,100 萬枚。每一次確認時間為 10 分鐘左右，6 個確認才算交易成功，所以一筆交易需要一個小時左右，這樣不利於需要快速確認的實際購買交易的應用	萊特幣在比特幣的演算法基礎上進行優化，確認時間只要 2.5 分鐘，有利於需要快速確認的實際購買交易的應用。萊特幣總量是比特幣的四倍，即 8,400 萬枚，萊特幣被喻為「白銀」
不同點	價值	升值空間小	如果按照總價值相等計算，萊特幣的價格應當為比特幣的 1/4。舉例來說，比特幣價格是 6,000 元，萊特幣就應當為 1,500 元。從目前價格來看，萊特幣的價格上漲空間非常大
	實際商業應用	非常廣泛	市場價值總量沒有比特幣多，容易受平台和莊家控制，價格波動可能會比較大，實際商業應用沒有比特幣廣泛

　　萊特幣礦工認為，萊特幣的價值上升將會使比特幣更具有價值。參考比特幣的發展歷史，我們可以確信萊特幣的價值將繼續成長。

第 5 章
區塊鏈在金融領域的應用

世界經濟論壇預測，到 2027 年，世界各國的國內生產總值（GDP）將有 10% 以上被儲存在區塊鏈上。這種預測並不誇張，因為作為數位貨幣比特幣的底層技術，區塊鏈首先將會對現有的金融領域產生顛覆性影響。下面具體分析區塊鏈在金融領域有哪些應用。

5.1
價值資產符號化

區塊鏈技術可以將實體世界的資產和權益進行數位化，並實現 P2P 登記發行、轉讓交易、清算交割等金融業務。價值資產符號化是區塊鏈對金融領域產生顛覆性影響的第一個表現。

5.1.1　將實體世界的資產和權益遷移到網路世界

想像一下這樣的未來：當你起床的時候，用眼睛掃描區塊鏈上的一串符號，就收到了來自海邊別墅交易成功的電子確認函。幾天後，你來到別墅前，用眼睛掃過大門密碼，門就自動打開了。

這套別墅被原來的主人作為數位資產登記在區塊鏈上，當你搜尋到這套別墅資訊的時候，區塊鏈聯合智慧全息投影技術為你提供了視覺化的立體呈現。你戴上 VR 穿戴裝置，如同置身於別墅，柔軟的沙發、溫和的海風讓你非常享受。於是，你決定將這套別墅買下來。你使用比特幣輕鬆完成了交易，交易資料被儲存在區塊上。

這就是未來的智慧生活。在未來，實體世界裡的資產和權益遷移到了網路世界裡，作為數位資產存在。區塊鏈的快速發展讓我們有理由相信，這種智慧生活就在未來的 10 ～ 20 年裡。

基於區塊鏈技術的小蟻開源系統（中國第一個原創的區塊鏈）讓我們看到了區塊鏈在實體資產權益數位化方面的初步應用。

比特幣是透過工作量證明機制實現財產權利自治和去中心化的，而小蟻則是透過制定確定規則以可追究責任的方式進行沒有自由裁量度的簡單事務，所以不需要追求完全去中心化。對開源程式來說，並不一定每個人都有能力獨立編譯原始碼，所以，只要有少數人進行編譯驗證，然後將編譯好的

程式提供給大家下載就行。

在小蟻系統裡，記帳是一種確定性的簡單事務，記帳人的權力比比特幣礦工的權力小得多。這種設計使小蟻系統將清算確認時間減少到了 15 秒。

在比特幣區塊鏈上，發起金融交易到確認掛單成功的時間需要 10 分鐘。而小蟻使用的是清算型區塊鏈，即犧牲一部分不關鍵的資訊記錄，但是可以獲得更好的靈活性、吞吐量以及使用者體驗。小蟻將區塊鏈僅用作登記發生資產變更的交易，並由此派生出一種新型的去中心化交易模式 ——「超導交易」。

在「超導交易」模式下，小蟻使用者不需要給交易所充值就可以在交易所掛單。在掛單成交後，交易所會把成交的交易資訊傳播到小蟻協議網路中，並被區塊鏈記錄。

例如，使用者 A 想要透過小蟻賣出自己持有的某公司股權，他不需要提前將自己的股權轉進交易所，只需要在本地透過金鑰對委託單進行簽名，就可以成功掛單。與使用者 B 成交後，使用者 B 支付的款項將直接進入使用者 A 的錢包，而使用者 A 的股權則會直接轉讓給使用者 B，不需要透過交易所中轉。

超導交易是一種新形態的交易，由交易所負責撮合資訊，區塊鏈負責財物交割。由於超導交易所不涉及使用者錢財管理，而且交易指令都有密碼學證據，所以超導交易所根本沒有特殊權力，不涉及監管當局的前置審批。

另外，使用者本身不需要為掛單、撤單指令支付小蟻幣。如果掛單成交，交易所會承擔支付資料寫入區塊鏈所需的小蟻幣手續費。隨著區塊鏈技術的主流化，超導交易模式很可能會成為包括 A 股在內的主流金融市場的發展方向。

小蟻客戶端為使用者提供了查詢、支付兩個密碼，使用者體驗與傳統網

銀一致，使用者付出較低的學習成本就能獲得良好的安全性。除非使用者主動向他人提供數位證書，否則任何第三方都不能獲知你的身分。

　　整個現存的網際網路金融生態都是小蟻的目標使用者，引入大量實體世界的金融資產是小蟻的現階段目標。因此小蟻的設計充分考慮了合乎規定要求，定位為一個對接實體世界的區塊鏈金融系統。作為一個去中心化的網路協議，小蟻可以被用於 P2P 網貸、股權眾籌、數位資產管理、智慧合約等領域。

　　小蟻實現了使用者資產數位化，使任意實體資產的財產權益都能夠被編寫。相信基於區塊鏈技術的小蟻對傳統金融系統具有壓倒性的優勢，而且還將創造出全新的數位化金融生態。

　　區塊鏈技術的誕生讓現實世界裡的事物連接以秒運算，並且可以有效抵抗駭客攻擊，各類資產可以直接在網際網路上登記、交易且資料永遠不可篡改。這種巨大的魅力讓各類資產匯聚在區塊鏈上，用公鑰和金鑰進行資產管理。到時候，我們所有的各種資產都將以符號的形式存在於演算法裡，人與人之間的信任也存在於演算法裡。

5.1.2　區塊鏈上的 P2P 交易所

　　區塊鏈技術應用於 P2P 票據交易所有四個好處：一是提升票據、資金、理財計畫等相關資訊的透明度；二是重建公眾、政府及監管部門對 P2P 票據交易所的信心；三是降低 P2P 票據交易所的監管成本；四是推進服務實體的經濟發展。

　　下面是依託區塊鏈技術設計並研發 P2P 票據交易所的方案概述，內容如圖 5-1 所示。

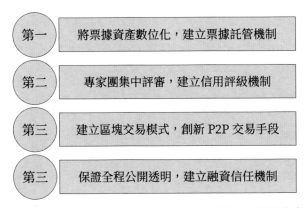

圖 5-1 依託區塊鏈技術設計並研發 P2P 票據交易所的方案

第一步：將票據資產數位化，建立票據託管機制

透過區塊鏈技術實現票據資產數位化，然後引入託管銀行。在 P2P 票據交易中，由託管銀行發布票據託管、托收、款項收回等資訊，確保交易資產真實、有效，確包票據的托收及收回款項的及時、準確、可信賴。

第二步：專家團集中評審，建立信用評級機制

P2P 票據交易所應當積極發揮自身的引領作用，然後找第三方外部專家團集中評審票據承兌人或持票人的信用狀況，建立完整的信用評級機制。信用評級機制為 P2P 票據交易所健康、有序發展提供了前提條件。

第三步：建立區塊交易模式，創新 P2P 交易手段

區塊鏈技術可以將 P2P 票據的評級、託管、登記、認購、轉讓、結清等環節作為一個完整的交易閉環來處理。區塊鏈分散式帳本的記帳方式可以及時有效地推進 P2P 票據交易的達成，不僅提升了交易效率，還能保證票據及資金的安全。

第四步：保證全程公開透明，建立投融資信任機制

區塊鏈交易模式保證了全程公開透明，實現對交易所的標的票據、交易資金、托收資金、理財計劃即時監控與資訊發布，建立了有效的投融資信任機制，為 P2P 票據交易所發展壯大提供了有利條件。

基於區塊鏈技術的 P2P 票據交易所架構分為三層：第一層是區塊鏈底層技術層，記錄 P2P 票據交易總帳；第二層為協議層，主要包括運行 P2P 票據交易、評級、託管的軟體；第三層為應用層，主要為數位化的票據及資金。

基於區塊鏈技術的 P2P 票據交易所的業務流程如表 5-1 所示。將區塊鏈技術用於票據交易所有利於解決票據 P2P 領域當前的問題，為票據業務創新提供全新的交易平台，為網際網路金融可持續、健康發展做出有益嘗試。

表 5-1 基於區塊鏈技術的 P2P 票據交易所的業務流程

環節	內容
提交申請	票據企業向 P2P 票據交易所提交未到期且帶轉讓的票據，雙方線下簽約
提交資訊	票據企業向 P2P 票據交易所提出評級及登記託管需求，並提交票據詳細資訊、票據託管、理財計畫以及交易要求的其他資訊
啟動票據評級	P2P 票據交易所透過區塊鏈技術同時啟動評級及登記託管流程。商業銀行根據各自角色在交易平台中分別對待轉讓票據進行評級或託管

環節	內容
票據託管	對於紙質票據，託管銀行需要審驗票據真實性並完成託管手續，然後在 P2P 票據交易平臺向所有使用者發布票據託管資訊；對於電子票據，託管銀行在完成託管手續後，在 P2P 票據交易平臺向所有角色使用者發布票據託管資訊。 如果是銀行承兌匯票，P2P 票據交易所首先需要在 P2P 票據交易平臺上發布票據承兌資訊，系統會自動對比各商業銀行的承兌行「黑名單」，然後統計該承兌行納入黑名單的資料，根據交易所規則自動生成評級，P2P 票據交易平臺中所有角色使用者便看到了最終的評級結果。如果是商業承兌匯票，P2P 票據交易所需要讓持票者根據交易所評級範本提供持票者的基礎資訊、財務資料、生產經營狀況；或者 P2P 票據交易所根據票據企業融資情況要求貸款銀行提供相關授信資料、貸後資料。P2P 票據交易所將根據票據企業所在區域，選擇本區域信貸專家組成評審團，在 P2P 票據交易平臺中採用匿名評審的方式進行信用評級，每位專家的評審結果在評審團內部發布，系統根據交易所評級規則自動計算持票人的信用評級，評級結果在 P2P 票據交易平臺中向所有角色使用者發布
登記理財計畫	票據託管、評級完成後，票據交易所透過系統自動升成理財計畫中的唯一編號，並將託管資訊、評及資訊、理財計畫資訊寫入票據區塊中，向 P2P 票據交易平臺中的所有角色使用者發布
理財認購	票據企業向所有投資角色的客戶發布包括票據評級資訊在內的理財計劃，投資方在充分認識到投資風險後，與票據企業簽定智慧合約（P2P 票據交易所透過預先設定代碼的方式統一制定），然後將資金劃入票據企業，並同步向所有角色客戶發布轉帳及認購資訊
理財資金劃轉	票據理財計畫發售完成後由票據企業資金劃入持票人帳戶，並同步向所有角色使用者發布發售完成及資金劃轉資訊
占有率轉讓	投資方可以在票據理財計畫到期前轉讓所持有的占有率，由待轉讓方在 P2P 票據交易平臺發出轉讓申請，新投資方確認後，完成資金的劃轉，轉讓申請、投資確認、資金劃轉等流程需要向所有使用這發布資訊
票據託收	票據到期由託管銀行發出託管，託管資訊由推管銀行在 P2P 票據交易平臺中發出並通知所有使用者
資金劃轉	票據託收資金收回後，由託管銀行將資金劃入票據企業，票據企業根據投資占有率將資金劃入投資方帳戶，所有資金劃轉的過程均通知所有的使用者

5.2
金融業為區塊鏈布局主力

　　當金融業遭遇區塊鏈，會碰撞出怎樣的火花？各種猜想都可能難以準確描述這種技術將給金融業以及其他產業所帶來的巨大變化。下面看金融業是如何布局區塊鏈，成為區塊鏈主力軍的。

5.2.1　支付方式歷史演進

　　五千年前，人們使用貝殼去交換商品；五千年後，人們用一部智慧型手機來埋單。2017 年，手機支付已經成為不可或缺的支付方式之一。現金、金融卡都可以不在身上，但是手機卻是我們出門之前必須帶上的物品。支付時代是如何轉換的呢？下面一起看從支付方式的演變，內容如表 5-2 所示。

表 5-2 支付方式的演變

時代	代表	發展狀況
貨幣支付時代	現金	人們出門、購物、旅遊都不忘隨身攜帶現金。日常儲蓄出現存摺。人們樂於在現金交易中靠消費找零互驗真偽，也樂意靠一手交錢一手交貨尋求踏實放心。各階層的人都有一套辨認假幣的方法，包括抖錢、聽聽聲、用手來回搓捻百元大鈔正面右側防偽痕跡、將百元大鈔放在日光下尋找防偽記號等。
信用支付時代	金融卡	各商業銀行電子化建設同時起步，投資建設了大量的電腦業務處理系統，後來發展到刷金融卡，結帳時只需要拿出金融卡片，等待輸入密碼和簽名就可以了。
電子商務支付時代	網路銀行	當網路進入我們的生活後，電子商務逐漸代替了上街購物，現實當中的交易發展到網上交易，傳統的銀行支付變成線上支付。網購成為消費者的主流購物管道，網上銀行變成了新支付方式。吃、穿、住、行等所有關於人們日常行為習慣的東西都可以網購，同時可以線上支付。

時代	代表	發展狀況
手機行動支付時代	街口支付、LINE Pay	行動支付成為主流，人們出門不再考慮帶不帶現金，帶不帶金融卡，只要有手機有網路，就能輕鬆消費。線上繳水費、繳電費、手機加值、號碼轉帳、遊戲加值、訂車票、購買彩券、違章罰款……行動支付遍布於各個行業。街口支付、LINE Pay 等行動支付方式進入大街小巷，悄無聲息改變消費者的支付習慣，讓消費者動動手指頭就可以消費，方便快捷。

奧美與知名調研機構益普索（Ipsos）曾聯合發布的「無現金生活」報告指出：「在全世界，無現金交易已經成為明顯趨勢：2014 年，由以色列總理內塔尼亞胡帶領的委員會探討制訂了一項三階段計畫，旨在消除以色列的現金交易；2015 年，人口少、數位化程度高、手機普及度高的丹麥成為世界上第一個不使用現金的國家；2016 年，瑞典約 80% 的交易以電子支付方式完成，美國約 80% 的消費都透過金融卡成交。在肯亞奈洛比和非洲其他地區，無現金交易也正在迅速流行開來，小額貸款組織從 2008 年就開始用一種叫 M-PESA 的行動支付服務放貸。」

可以說，無現金支付是支付方式發展和演變的必然路徑。支付及貨幣體系實質上就是一個龐大的會計記帳系統，與網際網路及區塊鏈等新技術的結合是必然的。

在後現金時代，支付方式的演進將包括四個方面，內容如圖 5-2 所示。

圖 5-2 支付方式的演進

　　手機錢包的發展得益於智慧型手機的普及，是行動支付的手段。手機錢包需要綁定金融卡，然後才能進行支付。對消費者來說，手機錢包的安全性是一個重要考慮。

　　P2P 支付指的是個人與個人之間透過手機進行價值轉移。肯亞的行動貨幣支付平台 M-Pesa 就可以透過加密簡訊來達到匯款及支付的目的。

　　即時支付技術建立在已有的即時支付基礎設施之上，不依賴金融卡。在數位貨幣中，比特幣是最著名的。作為 P2P 的支付方式，比特幣透過區塊鏈的技術得以實現。

　　當一種支付手段普及後，其便捷性的增強會與普及程度形成正循環，這就是網路效應。從這一角度來看，行動支付的覆蓋範圍已經形成網路效應，開始真正地改變人們的生活方式。當區塊鏈技術的應用真正實現，數位貨幣支付將產生更大的網路效應。

5.2.2　支付匯款方式變革

　　當區塊鏈進入金融業，支付匯款方式將發生重大變革，美國的信用卡體系將會受到更大的考驗。下面我們看看區塊鏈技術與行動支付結合到一起後對金融業帶來的巨大變化。

　　首先是行動支付。行動錢包的出現在很大程度上動搖了現金和支票的地位，Apple Pay、Google Pay 以及零售商提供的數位錢包等行動錢包為使用者帶來的便利和輕鬆吸引了眾多使用者的注意力。然而，行動錢包的安全性一直為人所詬病。區塊鏈技術的多重簽名驗證購物資訊功能為行動錢包的安全性提供了有利保障，同時還可以阻止詐騙行為，如重複支付、欺詐、哄抬物價等。另外，區塊鏈技術還能夠提高支付速度、改善使用者體驗、降低全球支付成本費用。

　　其次是匯款。據業內人士統計，全球的平均匯款成本在 7% 以上，而商

業銀行更是遠遠超過這一水準。如果全球的匯款成本降低 1%，那麼全球的消費者每年節省的費用達到 80 億美元。由於區塊鏈消除了第三方機構的作用，區塊鏈使這一想法有了實現的可能。區塊鏈與行動支付結合在一起後，將會降低行動使用者向世界上任何人進行轉帳的時候所支付的高額服務和交易費用。比如，Abra 和 Coins.ph 公司就已經使用區塊鏈技術實現了比特幣的全球轉帳交易。

另外，區塊鏈的應用將會弱化銀行的作用。據統計，在美國以及尼日，有數百萬的華人都沒有當地的銀行帳戶。然而，區塊鏈為這些人解決了這一難題。現在只需要一部智慧型手機，不需要銀行帳戶，他們就可以透過區塊鏈參與全球電子商務、獲取貸款或者向朋友、家人等進行安全轉帳而無須支付高昂的費用。

獎勵和忠誠度計畫也會因為區塊鏈發生變革。在購物的時候獲得獎勵是任何一個消費者都喜聞樂見的事情。而行動端就是提供和管理獎勵活動的最好平台，星巴克已經證明了這一點。區塊鏈技術可以改善積分交易的方式，因為所有的交易都記錄在一個公開的帳本上，所有商家都可以監視積分交易。例如，你只需要輕輕一點，就可以把你在航空公司裡的積分送給你的朋友。

倫敦初創公司 Plutus 正在研發一款轉帳或購物時可以獲得數位令牌獎勵的行動程式。這些獎勵回扣可以用在任何接受比特幣交易的地方。當這種行動程式普及開來，商家就會使用這種獎勵系統來獎勵消費者。到時候，你完全可以在航空公司使用在星巴克獲得的獎勵積分。

隨著物聯網的發展，支付將變得前所未有的簡單。例如，在將來，你走進一家商店去購買礦泉水，只需要晃動一下手，你的智慧手錶就可以檢測到礦泉水瓶上的半透明密碼，然後執行一個雜湊函數，礦泉水就會立即變成你的。這一切都離不開區塊鏈。

區塊鏈解決了現有金融支付系統的三大問題，內容如圖 5-3 所示。

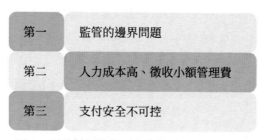

第一	監管的邊界問題
第二	人力成本高、徵收小額管理費
第三	支付安全不可控

圖 5-3 區塊鏈解決的現有支付系統的三大問題

第一，區塊鏈解決了金融業監管的邊界問題。《關於促進網際網路金融健康發展的指導意見》認為，網際網路金融新模式需要眾多不同部門的監管。然而，每一個新興領域都會因為行政資源不足而導致監管不完善以及滯後性。傳統產業發展時間長，監管相對完善，已經形成了既有的規則。但是問題來了，當前的規則無法適應網際網路下民眾的需要。

網際網路產業發展非常快而且沒有邊界，而在傳統產業裡做同樣事情的時候，就會很難實現。簡單來說，傳統模式是將市場上的產業人為劃分為可控和不可控兩種。將可控領域的監管方法（比如頒發牌照、例行檢查等）用在不可控的領域裡造成的作用很小。最大的難點就是不可控領域的邊界難以確定。對支付／帳戶／資金這些領域來說，用資金的走向來描述邊界在理論上非常容易，但在實踐上非常難。

從理論上說，任何涉及資金交易的領域都屬於監管範圍；但從實踐上來說，根本不存在一個強大的中心可以掌控所有資金的走向。而區塊鏈解決了電子化交易和實際交易脫節存在的問題。

以比特幣為例，比特幣交易屬於電子化交易，而且可以透過區塊鏈分散式帳本進行認證，這就使比特幣交易必須是真實的，也不能是脫節的。總體來說，區塊鏈解決了記假帳、記帳卻沒有交易、交易卻沒有記帳的問題。

第二，區塊鏈解決了現有金融支付系統人力成本過高、需要徵收小額管理費的問題。從使用者方面來說，銀產業受到了第三方支付的衝擊；從信貸業務來看，受到了 P2P 網貸平台的衝擊；從獲得資料的能力來看，銀行受到了供應鏈金融的衝擊。

這種現狀的造成原因在於改革進程的需要。當市場上的利益分配不合理時，新興的勢力便站出來挑戰傳統的既得利益者。對銀產業來說，應該讓自由的市場競爭來引導市場，讓創新企業得到發展空間。區塊鏈用技術保障了金融交易的進行，降低了人力成本。另外，記帳參與者的目標是從網路中挖掘數位貨幣，不向交易雙方收取管理費。

第三，區塊鏈解決了支付安全不可控問題。區塊鏈建立了一種基於平等的規則，所有的參與者基於同樣的規則進行交易，違反規則的參與者不能完成任何一步任務。在區塊鏈的邏輯中，個體與個體之間的能力更加開放和透明。

在新的金融業態下，銀產業務將真正回歸存款、借貸的本質。隨著區塊鏈技術的應用越來越廣泛，自金融時代將真正到來，個人從事金融交易活動可能不再需要任何機構。

5.2.3 票據清算重構

關於區塊鏈重構金融業票據清算系統的原理，我們在 2.3.2 小節、3.4.3 小節中均有所提及，這裡不再贅述。下面看區塊鏈對票據清算帶來影響的四個方面，內容如圖 5-4 所示。

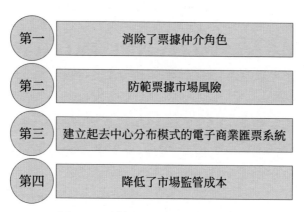

圖 5-4 區塊鏈對票據清算帶來的影響

第一，消除了票據仲介角色。在應用了區塊鏈技術之後，票據價值可以實現 P2P 無形傳遞，既不需要特定實物作為連接雙方取得信任的證明，也不需要第三方對交易雙方價值傳遞的資訊做監督和驗證。另外，票據交易雙方常常需要透過票據仲介來解決資訊不對稱問題，而借助區塊鏈實現 P2P 交易後，票據仲介的現有職能將被消除。

第二，防範票據市場風險。不透明、不規範以及高槓桿錯配等潛規則使票據市場的風險頻發，參與機構的多樣性和逐利性也加大了這一風險。而區塊鏈技術的應用可以避免相關風險。

首先，全網公開、資料不可篡改的區塊鏈使得紙本、電子票據一旦交易就不能抵賴，可使用有效方法防範道德風險；其次，區塊鏈分散式系統無須第三方仲介，完全避免了人為操作產生的風險；最後，區塊鏈可以自動控制參與者資產和負債兩端平衡，並且公開透明的資料使整個市場交易價格對資金需求的反應更真實，進而形成更真實的價格指數，有利於控制市場風險。

第三，建立起去中心分布模式的電子商業匯票系統。現有的電子商業匯票系統（ECDS）是一個中心化系統，其中心為央行，其他銀行和企業透過直連或網銀代理的方式接入央行的中心化登記和資料交換系統。而區塊鏈技術

將會改變現有電子商業匯票系統的儲存和傳輸結構，建立起去中心分散式模式，還能利用時間戳完整反映票據從產生到毀滅的過程，使每一張票據都可以追溯歷史。區塊鏈建立起的全新連續「背書」機制將更加真實地反映票據權利的轉移過程。

第四，降低了市場監管成本。多樣的操作方式使票據市場的監管變得非常繁雜。監管方式只能是現場審核，而業務模式和流轉則沒有全流程的快速審查和調閱手段。

區塊鏈應用將使票據流轉的方向具有可控性，比如，透過程式限定貼現中必須有真實貿易背景、設定資管票據不能繞開信貸規模等。區塊鏈在票據市場的應用有利於形成統一的市場規則，建立良好的市場秩序，進一步發揮票據在實體經濟中的作用。

5.3
受影響的金融機構及案例

區塊鏈對金融業的影響日漸加劇，金融業將迎來顛覆性變革。在這一過程中，各大金融機構將會首當其衝。區塊鏈將會影響的金融機構包括證券交易所、會計審計機構、金融主管機構、大型科技企業、銀行體系等。

5.3.1　證券交易所

在證券交易所中，證券交易的過程包括開戶、委託、撮合成交、清算交割、過戶等環節。

第一個環節是開戶。開戶指的是使用者要在券商處為自己分別開設一個

存放股票及資金的帳戶，以為股票的交易提供方便。開戶之後，才有資格委託券商代為買賣股票。開戶時要同時開設股票帳戶和資金帳戶。當甲投資者買入股票，乙投資者賣出股票，成交後股票從乙投資者的證券股票帳戶轉入甲投資者的帳戶，相應的資金在扣除費用後從甲投資者的資金帳戶轉入乙投資者的資金帳戶。

第二個環節是委託。辦理完股票帳戶及資金帳戶後，使用者便可進入正式的股票交易。由於法律規定一般的投資者不能自己直接進行股票買賣，股民所有的股票交易都必須透過券商進行，這就是委託。

第三個環節是撮合成交。券商在接受了投資者委託後，就可以透過專線電話與派駐在交易大廳內的代表人聯繫，或者直接透過先進的電腦和通訊系統將使用者的委託內容報告與證券交易所內的自動撮合系統參加集合競價或連續競價。證交所內的交易系統根據時間優先及價格優先的原則，對符合條件的委託予以成交，這個過程就是撮合成交。股票成交後，證券交易所隨後將成交紀錄反饋給券商，券商再通知股民在指定的交易日進行確認。

第四個環節是清算與交割。清算與交割是一筆股票交易達成後的後續處理，是價款結算和股票交收的過程。清算和交割是股票交易中的關鍵一環，它關係到買賣達成後交易雙方責權利的了結，直接影響到交易的順利進行，是市場交易持續進行的基礎和保證。

第五個環節是過戶。「無紙化交易」對於交易過戶來說，結算的完成即實現了過戶，所有的過戶手續都由交易所的電腦自動過戶系統一次完成，無須投資者另外辦理過戶手續。

在傳統股票交易過程中，使用者需要支付印花稅、傭金、過戶費、委託費等費用。可以看出，股票交易是一個複雜過程，將過程進行簡化是必然趨勢。區塊鏈技術的運用完成了這一任務，實現了股票交易的自動化，增強了交易的安全性。

在傳統的股票交易過程中，人工干預程度約為 10%。引入區塊鏈技術之後，股票交易將實現全過程自動化，無須人工干預。透過在交易啟動時引入協議，區塊鏈能消除一些最常見的交易後出現的問題及差錯，比如錯誤的結算指令和帳戶指令細節等。

如果不主動變革，就會被變革。全球各大證券交易所都已經表示出對區塊鏈技術的興趣，下面是全球 10 家證券交易所（排名不分先後）針對區塊鏈技術採取的行動，如表 5-3 所示。

表 5-3 全球 10 家證券交易所針對區塊鏈技術採取的研發行動

證券交易所	區塊鏈研發行動
澳大利亞證券交易所（ASK）	澳大利亞證券交易所是對區塊鏈技術最有野心的證券交易所之一，2016 年 1 月，它向區塊鏈初創公司 Digital Asset Holdings 投資了 1,000 萬美元之多，這家公司致力於為澳大利亞證券交易所提供一個可提升交易時間的區塊鏈解決方案。
芝加哥商品交易所集團（CME Group）	芝加哥商品交易所是「Post-Trade Distributed Ledger Working Grop」的創始人之一，目前已通過其投資部門 CME Ventures 在行業內開展了非常積極的行動。它先後投資了分散式帳本創業公司 Ripple、區塊鏈投資集團 Digital Currency Group 以及 Digital Asset Holdings
德國法蘭克福證券交易所	德國法蘭克福證券交易所的營運商 Deutsche Borse 也參與了 2016 年 1 月 Digital Asset Holdings 的 6,000 萬美元融資。2016 年 2 月，Deutsche Borse 表示他們正在對該技術進行相關的概念驗證，儘管還沒有發布任何的測試結果。
杜拜多種商品交易中心（DMCC）	杜拜多種商品交易中心的成員創建了 Global Blockchain Council 機構，旨在監督區塊鏈技術應用及其發揮的影響。另外，杜拜多種商品交易中心正在與比特幣創業公司 Bitoasis 一起從事一項技術試驗，探索區塊鏈技術如何能夠完善其人員的入職流程。

證券交易所	區塊鏈研發行動
日本交易所集團（JPX）	日本交易所集團是亞洲比較活躍的一個股市營運商。2016 年 2 月，它與 IBM 正式結盟，合作開發區塊鏈應用，進行區塊鏈實驗。2016 年 4 月初它還宣布正在和 Nomura Research Institute (RNT) 合作進行試驗，研究區塊鏈技術如何被應用到證券市場。2017 年 1 月 10 日，日本金融廳已允許日本交易所集團使用金融技術，如區塊鏈作為其核心交易基礎設施。
韓國證券交易所（Korea Exchange）	韓國證券交易所在 2016 年 2 月宣布，將力求通過區塊鏈技術推出一個櫃檯交易平臺。它表示，希望區塊鏈技術能有助於證券交易所降低成本。
倫敦證券交易所（LSE）	倫敦證券交易所是追隨 R3（由 40 多個銀行組成的區塊鏈聯盟和區塊鏈公司）腳步的第一大團體之一，而且它是首個表示大型金融公司可以通過合作模式進行區塊鏈測試的公司，這超出了 R3 的框架。
那斯達克（ASDAQ）	那斯達克是對區塊鏈研發最積極的機構，在 2015 年首次推出私人股份交易平臺 Linq，也因此成為第一個進行區塊鏈概念驗證的金融機構。此外，那斯達克還與區塊鏈解決方案提供商 Chain 達成了合作，並且允許其內部專家能夠公開談論區塊鏈技術。2016 年，那斯達克透露在和愛沙尼亞的 Nasdaq OMX Tallinn Stock Exchange 合作進行一項測試，以期利用區塊鏈技術減少股東投票方面的各種障礙。
紐約證券交易所（NYSE）	紐約證券交易所在 2015 年發布了兩份重要聲明，這兩份聲明都與比特幣相關。2015 年 1 月，紐約證券交易所投資了比特幣服務公司 Coinbase 成為其 C 輪融資的一部分。2015 年 5 月紐約證券交易繼續推出比特幣的價格指數，這也將成為 CoinDesk 的比特幣價格指數（BPI）的競爭者。
多倫多證券交易所（TSE、TMX）	多倫多證券交易所的運營商 TMX 集團在 2016 年 3 月第一次公開表示出了對區塊鏈技術的興趣，同時，Anthony Di Iorio（以太坊的聯合創始人之一）受雇於該機構第一位首席技術官。TMX 集團還表示，它是處於生成區塊鏈策略的早期階段，而且它可能很快進行技術測試。

區塊鏈技術的未來充滿無限可能，全球各大證券交易所已經意識到，這是千載難逢的發展機遇，所以都積極擁抱區塊鏈。放眼未來，區塊鏈能夠掀起新的浪潮，首先將在金融業得到驗證。

5.3.2　會計審計機構

比特幣的核心貢獻者彼得·托德（Peter Todd）認為，會計審計機構是繼證券交易所之後第二類受到區塊鏈影響的金融機構。

傳統金融系統中最大的問題就是不信任。彼得·托德稱：「傳統金融系統有一個『公開的祕密』，對於他們的資料庫、員工，他們都不信任……甚至他們自己都互相不信任。因而，因為不信任而產生的問題就非常多。」

基於不信任的金融審計形成了龐大產業。彼得·托德說：「銀行對資料庫和員工的不信任才讓審計人員有了工作。為什麼會有如此巨大的勞力密集型的審計基礎設施以及這麼多審計人員在哪裡研讀交易資料呢？消失的錢去了哪裡？誰私自動用了錢？錢最終被轉移到了哪裡？這一切都是合法的嗎？」

全球各大金融機構都對創建一個保存資料記錄的新系統非常感興趣，以區塊鏈為底層技術的比特幣系統就是這樣一個開放系統。如果用比特幣系統取代目前的封閉帳本系統，金融審計活動將會變得更加有效和透明。

緊接著，彼得·托德表示儘管金融審計產業的現狀良好，但是很難再有提高。彼得·托德說：「金融機構在他們的審計工作方面做得相當不錯。在大多數情況下，『銀行欺詐』保持在一個可接受的水準上。」

當前銀行提高結算速度的瓶頸是無法解決金融活動的歷史維護問題。由於審計屬於勞力密集型工作，需要長達數小時的連續作戰才能完成，因此很難做到即時對一致性達成共識。

那麼，區塊鏈技術可以有效解決這個問題嗎？對此，彼得·托德解釋說：「當前金融系統依賴於資料庫管理員的信任和這個系統鑰匙的持有者。從這個角度來看，一個區塊鏈就可以充當一個強大的審計日誌。」

比如，一些銀行職員的工作就是簡單地輸入一些資料，如果他們擁有了一種綁在鑰匙卡或者其他東西上的加密簽名，然後以這種方式進入資料庫，

那麼他們將會獲得區塊鏈的所有優勢。其實，早在區塊鏈獲得大量關注之前，銀行就已經開始探索相關技術。所以當區塊鏈技術出現以後，銀行如獲至寶。

那麼區塊鏈會取代金融審計人員，讓審計人員離職嗎？彼得·托德這樣說道：「這個問題的重點在於我們如何讓區塊鏈安全到可以取代人類的地步？」事實上，彼得·托德的答案與比特幣創始人中本聰在比特幣白皮書中的說法不謀而合。

中本聰在白皮書中說：「我們非常需要這樣一種電子支付系統，它基於密碼學原理而不基於信用，使任何達成一致的雙方，能夠直接進行支付，從而不需要第三方仲介的參與。」

2016 年 8 月，全球四大會計師事務所之一普華永道發布了他們的新區塊鏈（PoC）概念驗證的詳細資訊。據稱，他們創建了一種即時審計流程，用於保險市場的政策制定。該計畫是普華永道與智囊團 Z/Yen 的 Long Finance 計畫合作進行的。他們將該計畫稱為「高層次政策安置流」，旨在重新定義潛在客戶接受政策的方式。

在 PoC 區塊鏈網路中，保險商、代理商和監管機構都是節點參與者。計畫報告詳細表示：「保險商能夠在區塊鏈上瀏覽政策，提供報價來支撐一個特殊政策存在的風險，而代理商則能夠選擇接受或者拒絕這些報價。這種在各方之間的溝通和談判都發生在區塊鏈中。當某個政策受到完全支援的時候，將會在區塊鏈上創建和分享正式的保險合約。」

報告中還公布了一個計畫設計圖，展示了區塊鏈概念網路中相連接的保險商、代理商和監管者節點。普華永道表示，這次概念驗證測試幫助他們深入觀察了區塊鏈應用如何用於減少物理文件，簡化監管報告結構以及創建一種本質上的即時審計跟蹤。

在區塊鏈應用方面，同屬於全球四大會計師事務所的德勤會計師事務所

採取了積極行動。德勤專門成立了一個部門,裡面有 100 多個技術專家來提供區塊鏈的各種技術服務。自 2015 年以來,德勤投入了非常大的力量研發區塊鏈幫助他們克服各種問題的解決方案。僅僅是 2015 年,德勤在區塊鏈解決方案方面產生的營業額就已經有了 1 個多億美元。

普華永道、德勤對區塊鏈新技術的態度都是積極友好的,並且已經採取了一系列研發行動。這對國內的會計師事務所的啟示:應當成立區塊鏈技術部門,爭取早日讓區塊鏈參與到日常的審計工作中來,提升工作效率。

5.3.3 銀行體系

本書在 3.3.2 小節中講到,區塊鏈的共識機制發揮作用過程中,所有的參與者共同維護資料,而不存在任何一個中心。因此,銀行與銀行透過使用區塊鏈可以共享透過一個帳本。事實上,銀行內部也可以透過使用區塊鏈技術降低金融系統內部監管成本。

對於銀行來說,單點故障是最恐怖的事情。所謂單點故障,即由於某個節點故障造成銀行內部的巨大損失。以霸菱銀行事件為例,一個成立了 233 年的銀行,只因為一個交易員未審核便做下的一單交易,就導致霸菱銀行出現巨額虧損,最後不得不選擇倒閉。

對銀行來說,唯一的解決方法就是嚴格審計。因此,銀行內部的監管成本非常高。2008 年金融危機之後,資金方面審核的監管成本更高了,包括反洗錢、金融反恐等都會逐漸增加監管成本。在這種情況下,更多銀行突然發現,也許區塊鏈能解決這個問題。

所有資料可追溯、任何的單點都沒有辦法去篡改或者隱瞞資料,這將會降低違法行為發生的機率。可以說,如果在銀行內使用區塊鏈技術就能有效降低內部審計成本。西班牙最大的銀行桑坦德銀行(Banco Santander)發布的一份報告就專門談了這個問題。

　　桑坦德銀行認為，如果全球的金融機構使用區塊鏈技術的話，截至 2020 年，每年金融機構節省的成本會超過 200 億美元。所以很多人認為也許在未來的十年、二十年有很多的金融機構會使用區塊鏈技術。

　　從銀行角度來說，積分體系的問題包括客戶範圍較小、業務種類較窄、應用計畫較少等，一系列問題造成的結果是客戶對銀行的認同感偏低；從使用者的角度來說，獲得銀行信任的成本較高、受益較小，因此使用者不願意去爭取。這也使大多數使用者對於銀行體系抱有相對消極的態度。

　　下面以彩色幣（Colored Coins）為例分析區塊鏈如何引申到銀行體系，解決銀行體系的現存問題。彩色幣指的是那些被「染色」或「標記」的比特幣，在交易時透過備註資料欄來代表某種特定資產。正如在一張 100 元的紙幣上標註文字給予某人，作為一張借據使用。這種方式可以在雙方互信的基礎上進行交易。

　　當前，銀行總行和分支行之間的積分流通處於封閉環境中。引入了彩色幣之後，總行負責統籌全年的發行總量，然後針對分支行的不同需求添加資訊標記，甚至在未來添加定向指令。添加上資訊標記後的流通不影響積分在使用者手中留存、轉移、使用等行為，但總行可以透過標註對不同分支行的積分營運情況進行隨時的追溯和統計。所有資料反饋都有據可依，積分情況能夠精確到客戶每一次的交易和轉移。

　　彩色幣機制解決了銀行傳統的多條產品線積分並行的問題。區塊鏈是一個風險和機遇並存的新興概念，銀行應當及時對其進行研究和嘗試，否則很有可能在未來的競爭中被甩在後面。

5.3.4　大型科技企業

　　當證券交易所、會計審計機構、國際大型銀行正在為區塊鏈技術發燒的時候，大型科技企業也爭相為金融機構提供區塊鏈技術支援，包括微軟、

IBM、亞馬遜、Google 等。

2016 年 4 月，微軟與 R3 區塊鏈聯盟達成策略合作協議，共同開發區塊鏈技術。據悉，微軟 Azure 雲端服務不僅為 R3 區塊鏈聯盟成員提供雲端工具、服務以及基建，還會向其派駐計畫經理、技術架構師、試驗助理師和技術支援。

微軟全球業務拓展執行副總裁佩吉・約翰遜（Peggy Johnson）表示：「擁有智慧雲端技術後，R3 區塊鏈聯盟將會加快試驗和學習進程，加速區塊鏈技術的部署。」

R3 區塊鏈聯盟的 CEO 戴維・魯特（David Rutter）說：「與微軟的合作將會加速區塊鏈商業產品的落地。」戴維・魯特還預期，外界很快就會對區塊鏈有更深入的了解，而商業產品的開發需要 12 ～ 18 個月，而顯著商業應用的

但是則需要 3 ～ 5 年。R3 區塊鏈聯盟將會研發出什麼樣的區塊鏈商業產品，現在還無人知曉。

早在 2014 年 11 月，微軟就與紐約區塊鏈初創公司 ConsensYs 合作推出了基於雲的區塊鏈技術平台。該平台致力於幫助金融機構高效快捷、低成本的使用區塊鏈技術。這一平台對微軟 Azure 使用者是開放的，所有銀行和保險產業公司都可以使用。全球四大會計師事務所普華永道、畢馬威、德勤、安永已是該服務的使用者。

與微軟較早關注區塊鏈不同，Google 對區塊鏈的關注較晚。2016 年 10 月，Google 為蘇格蘭皇家銀行提供雲端服務，幫助其進行區塊鏈交易清算和結算。而 IBM（國際商業機器公司）、微軟以及亞馬遜在 2015 年就已經涉足雲端服務領域。

截至 2016 年年底，IBM 和微軟公司已經研發出非常有效的特殊開發工具，並邀請各大銀行和區塊鏈創業公司在他們的資料中心測試新的資料庫技術。作為雲端服務的領頭人，亞馬遜也與區塊鏈創業公司進行了合作。

2016 年 12 月 7 日，IBM 全力押注區塊鏈，公布了一個旨在加速商業區塊鏈應用開發的「區塊鏈生態系統」計畫。2016 年 2 月，它還推出了自有區塊鏈 IBM Blockchain，試圖在商業區塊鏈應用產業獲得更高的地位。自推出 IBM Blockchain 以後，IBM 與外界建立了多項區塊鏈合作。而區塊鏈生態系統計畫的推出將是該公司在商業區塊鏈領域邁出的一大步。

該區塊鏈生態系統可以為區塊鏈應用開發者提供指導和輔導，為區塊鏈創業公司創造了一個應用推廣平台，形成了某種意義上的「區塊鏈應用商店」。該生態系統甚至對企業開發者和系統整合商開放。

IBM 表示：「IBM 將會提供指導和工具來減少從概念到執行階段所需的時間。IBM 區塊鏈專家將會透過 Hyperledger Fabric Slack 頻道為開發者提供支援，以及幫助他們解決問題。」另外，該公司還會透過該生態系統提供代碼庫、智慧合約範本以及其他工具。

從全球來看，區塊鏈技術的研發尚處於初期階段，普及率非常低，而 IBM 已經意識到了它的巨大商機。

「區塊鏈未來的成長和普及依賴於強勁生態系統的建設。只有在創新者、產業專家和基礎設施提供商攜手以新的方式重塑商業交易的發生方式的情況下，商業網路才能夠發生質變。」IBM 全球企業服務部高級副總裁布里奇特・範・克拉林根（Bridget Van Kralingen）指出，「Hyperledger Project 代碼日漸成熟是重要里程碑。基於此，IBM 致力於提供讓這些玩家能夠通力合作的環境，幫助開發者加速區塊鏈網路的建造。」

截至 2016 年年底，加入 IBM 的生態系統的創業公司已經非常多，包括鑒定追蹤高價值商品和奢侈品的英國創業公司 Everledger、致力於提供雲端行動技術系統的加州公司 Gliding Eagle、來自帕洛阿爾托的早期階段基金和風投工作室 The Hive、研究利用區塊鏈創建忠誠和獎勵機制的 Loyyal、矽谷創業公司 Skuchain 等。

第 6 章
區塊鏈在物聯網領域的應用

在物聯網領域，區塊鏈技術開闢了創新的無限可能性。在未來，有非常多的物聯網和智慧系統的區塊鏈應用將被開發出來。區塊鏈技術可用於追蹤設備的使用歷史、協調處理設備之間的交易，例如，所有的日常家居物件都會自動地與外界進行金融活動。在這種環境下，家裡如果安裝一個智慧電表，它就會自動調節用電量和頻率使電費帳單最優惠。現在，也許你已經想關注區塊鏈技術對物聯網到底有什麼作用了，本章將詳細展開相關內容。

6.1
致力於物聯網研究的三大區塊鏈公司

未來十年裡，區塊鏈在物聯網領域的應用將是最激動人心的。第 5 章我們提到區塊鏈在金融領域的應用使現實世界的資產遷移到網路世界裡。而在非金融領域的應用，區塊鏈能夠發揮的最大作用就是物聯網。在物聯網領域，各種成熟的技術公司和初創公司開始投資以及大量地研究各種區塊鏈應用。這些應用的主要目的是連接家庭網路到雲端以及周邊的電子設備。下面介紹四家致力於實現物聯網研究的四大區塊鏈公司。

6.1.1　最早開發區塊鏈的公司 —— IBM

IBM 是最早提出用區塊鏈技術解決物聯網現存缺陷的公司。IBM 早在 2014 年就發布了《設備民主，去中心化、自治的物聯網》白皮書。白皮書展望了物聯網的前景和機遇，也分析了當前物聯網存在的缺陷。展望了物聯網的前景和機遇，也分析了物聯網想要做大亟須解決的問題。IBM 總結了物聯網面臨的五大挑戰，內容如圖 6-1 所示。

第一個挑戰是連接成本。大多數現有的物聯網解決方案成本都很高，不僅包括服務的中間人成本，還包括高額的與中心化雲和大型伺服器群相關的基礎設施和維護成本。

第二個挑戰是信任問題。物聯網中的信任很難形成並維持，大多數現有的物聯網解決方案總是不經過使用者授權就能夠收集分析使用者資料，然後提供給中心化機構。物聯網要想普及開來，首先需要整合隱私和匿名性，給予使用者控制自己隱私的能力。

第三個挑戰是設備製造商過時問題。在物聯網世界，設備的生命週期總

　　是比設備製造商的生命週期還要長。在此過程中，軟體更新和設備維修成本將不斷加重製造商的負擔。這就導致了一種現象：設備還在使用，設備製造商已經倒閉了。

第一　　連接成本

第二　　信任問題

第三　　設備製造商過時問題

第四　　使用價值低

第五　　缺少持續可盈利的商業模式

圖 6-1 物聯網面臨的五大挑戰

　　第四個挑戰是使用價值低。物聯網不僅僅是簡單地讓設備聯網。大多數現有的物聯網解決方案只是為了物聯網而物聯網，並沒有產生更好的產品和服務。

　　第五個挑戰是缺少持續可盈利的商業模式。出賣使用者資料或者做針對性廣告是不切實際的物聯網商業模式。普通使用者可能開放共享自己的資料，但是企業使用者不會這樣做。另外，大多數設備製造商對智慧設備應用程式的收入預期太樂觀，根本沒有找到可持續盈利的商業模式。

　　在此基礎上，IBM 提出，需要建立一種去中心化的物聯網解決方案，實現去中心化，設備自治。而區塊鏈技術為物聯網提供了一個優雅的解決方法。

　　IBM 稱：「運用區塊鏈技術，可以為物聯網世界提供一個引人入勝的可能性，當產品最終完成組裝時，可以由製造商註冊到通用的區塊鏈裡面標示

著它生命週期的開始，一旦該產品售出，經銷商可以把它註冊到一個區域性的區塊鏈上（社區、城市或國家），透過創建有形資產與匹配供給和需求，物聯網將會創造一個新的市場。」

2015 年 1 月，IBM 宣布啟動基於區塊鏈技術的 ADEPT 研究計畫。IBM 還與三星建立合作關係，專為下一代的物聯網系統建立了一個概念證明型系統，探索一種不僅安全而且成本低的設備連接方式。

ADEPT 不僅應用 了區塊鏈技 術，還融 入了智 慧合約 和人工 智慧 Waston。根據可行性報告顯示，未來的家用電器可以執行一份「智慧合約」來發布命令，比如洗碗機要求洗滌劑供應商進行供貨。智慧合約還為設備賦予了支付訂單的能力，並且能夠收到零售商發出的支付確認資訊和出貨資訊。同時，洗碗機使用者將會收到通知資訊。

區塊鏈、智慧合約、人工智慧，三者相輔相成，將會建構出一個更強大、更智慧的物聯網。正如 IBM 全球企業諮詢服務部的副總裁保羅・布羅迪（Paul Brody）所說，IBM 的目標是建構一個更加智慧的物聯網，這個運行的設備網路能夠分享能源和頻寬，做決策，並能極大地提高效率。

ADEPT 平台由以太坊、Telehash 和 BitTorrent 三個要素組成。IBM 和三星希望，ADEPT 平台可以自動檢測、自動更新、不需要任何人為操作，而且這些設備還需要與其他附近的設備通訊，以便於為電池供電和節約能量。

Telehash 實現了無須信任的 P2P 通訊，Bittorrent 實現了安全的分散式資料分享，而以太坊則建構了健康可拓展的設備協作方式。隨著 ADEPT 和以太坊的影響力不斷提升，區塊鏈在物聯網中烙下的印記將會越來越深。

雖然前景無限，但是 ADEPT 系統當前還面臨很多挑戰。挑戰主要來自於數位貨幣自身的發展和穩定性，這關乎 ADEPT 的適用範圍是否能夠大範圍擴展。對於穩定性問題，ADEPT 團隊還沒有找到明確的解決方案，他們解釋說：「諸如側鏈、樹鏈和迷你區塊鏈等技術將會逐漸解決這個問題。每一種

解決方式都有它的優點和缺點，但是我們還需要達成一個共識來確定一個通用的方式。」

2016 年 10 月，IBM 宣布繼續推進區塊鏈和人工智慧交叉物聯網計畫。作為 IBM 布局物聯網領域的另一項行動，IBM 將會投資 2 億美元來推動該計畫在物聯網領域的研究。

IBM 稱：「企業可以在安全、私有的區塊鏈上來分享物聯網資料，以減少成本和跨網路人力和物力的複雜性。這些功能都將完全整合到 IBM 的區塊鏈中。」

作為全球科技巨頭，IBM 在區塊鏈應用於物聯網領域的探索將會促進區塊鏈與物聯網在世界範圍內的創新發展。

6.1.2　獲 500 萬融資的公司 —— Filament

除了科技巨頭 IBM 探索區塊鏈在物聯網領域的應用，另外一些公司也在這一領域深耕，Filament 也是其中一家有名的公司，它主要從硬體基礎方面挖掘著區塊鏈在物聯網領域的無限可能。

Filament 成立於 2012 年，公司最初的目標是建立網狀網路上的無線家庭安全系統，後更名為 pinocc.io。2014 年 10 月，公司計畫被選入 TechStars 孵化器，於是重新使用 Filament 名稱，並將公司的發展目標定位於工業用例上，致力於實現設備之間的連接。

2015 年 8 月，Filament 宣布完成 A 輪融資，融資金額為 500 萬，Bullpen Capital、Verizon 風投和三星風投參與了此輪融資。這是電子消費產品巨頭三星的下屬投資部門三星風投第一次參與投資區塊鏈產業。在此之前，三星風投與 IBM 合作研發 ADEPT 計畫，受到了外界關注。Filament 的融資狀況如表 6-1 所示。

表 6-1　Filament 的融資狀況

時間	輪次	融資金額（萬美元）
2015 年 10 月	A 輪	75
2015 年 5 月	A 輪	500
2014 年 11 月	可轉換債券	52.5
2014 年 10 月	種子輪	2
2014 年 2 月	風險資金	5
2013 年 8 月	種子輪	100
2013 年 2 月	眾籌	10.5

完成 A 輪融資後，Filament 宣稱通訊協議 Jabber/XMPP 的發明者傑里米・米勒（Jeremie Miller）已經受邀成為公司 CTO。1999 年推出的 Jabber 通訊協議是美國線上即時通訊（AOL Instant Messenger）等聊天應用的開放標準替代物，最終被 Facebook、Google 以及微軟公司在不同程度上採用。此舉意味著 Filament 決定複製 Jabber 通訊協議的成功。

Filament 的聯合創始人兼執行長艾瑞克・詹寧斯（Eric Jennings）解釋說：「Jabber 通訊協議的成功給我們的啟示是去中心化系統對於使用它的公司和使用者來說更有價值。這是我們從中學到的精神，更為寶貴的是，這種去中心化的系統可以實現使用者之間的平等地位。」

Filament 的理論建立在找到一個可以用來實現設備連接的去中心化平台基礎之上。艾瑞克・詹寧斯說：「去中心化系統對與之互動的人更有價值……這點是需要注意到。那我們為什麼使用區塊鏈呢？因為區塊鏈使系統更強大，更有價值。」

基於這一設想，Filament 的計畫與 ADEPT 計畫在本質上非常相像。不同的是，ADEPT 計畫致力於實現家庭自動化，而 Filament 的計畫將針對工業市場，使石油、天然氣、製造業和農業等產業的大公司實現效率上的新突破。

　　試想一下，工業設備一般都分布在一個遼闊的範圍內或者部署的地方非常偏遠，甚至沒有手機訊號，比如鐵路網路，石油管線和電網等。要想使這些設備加入物聯網，最大的問題就是訊號傳輸。另外，當使用者透過網路對物聯網中的設備進行操作時，所有操作過程和資料都會記錄在網際網路日誌上。隨著操作數量的增加，伺服器的儲存能力和運算能力必須越來越高，這就導致實現物聯網的成本非常高。

　　Filament 是如何解決這兩個問題的呢？基於區塊鏈技術，Filament 開發了一套能把現有的工業基礎設施透過遠程無線網路溝通起來的技術。這種遠程無線網路的用途非常廣泛，既可以用來追蹤自動販賣機裡面的存貨情況、檢測鐵軌的損耗情況，還可以幫助農場主管理自家的農場。

　　在這種遠程無線網路技術的基礎之上，Filament 推出了 Filament Tap 和 Filament Patch 兩個感測器設備。

　　Filament Tap 是一種便攜式連接設備，內部嵌有的感測器可以檢測周邊環境，然後連接到設備上開始監控。Filament Tap 還實現了無線網路的快速部署，與周邊 10 英里以內的節點（其他 Filament Tap 設備）通訊，並可以使用手機、平板電腦和電腦進行溝通。Filament Patch 與 Filament Tap 配套，是用來延伸該技術的硬體，可以實現硬體計畫的客製。

　　Filament Tap 設備與鄰近 10 英里遠的設備通訊現在正處於測試階段。一旦測試成功，Filament Tap 將被用於監視電力設施，可以降低物理檢查電力設施的成本。如果發生 Filament Tap 設備著火或者其他意外狀況，互聯互通的其他設備也可以向電力公司發出提醒。

　　此外，Filament 還試圖利用比特幣建構一個供電網路，這是可以實現的。區塊鏈將在安全、透明度和大數據管理方面改善物聯網，而 Filament 公司希望從底層硬體出發，為區塊鏈在物聯網領域的應用探索做出貢獻。

6.1.3　開發物聯網支付方案的 Tilepay

　　Tilepay 對物聯網的探索集中在支付領域和商業模式上。Tilepay 的目標基於區塊鏈技術，為當前的物聯網產業提供一種人到機器或者機器到機器的支付解決方案，實現對物聯設備感測器的即時接入支付。

　　Tilepay 還開發了一個基於比特幣區塊鏈技術的微支付平台 SPV（Simplfied Payment Verification）。作為一個去中心化的支付系統，SPV 能夠被下載並安裝到任意一台個人電腦上、平板或者手機上。Tilepay 的設想是，所有的物聯網設備都會有一個獨一無二的密碼，透過區塊鏈技術接收支付。Tilepay 還會建構一個物聯網資料交易市場，人們可以在裡面購買物聯網中各種設備和感測器上的資料，並以 P2P 的方式保證資料和支付的安全傳輸。

　　Tilepay 看到了物聯網未被挖掘的潛在價值，即感測器資料。物聯網之父凱文・艾什頓（Kevin Ashton）先生說過：「物聯網的價值不在於採集資料，而在於資料共享。」

　　世界上的資料是大量的，但是人們並不擅長採集資料。遍布全世界的感測器網路因此誕生，不僅成本非常低，還與網際網路相連。電腦便是利用這些自動化的傳感設備獲取資訊的，然而，我們建構感測器網路的真正目的是透過採集資料的物聯網得到整體的圖景。

　　感測器採集到資料以後，資料是否發揮應有價值在於資訊能否共享。儘管感測器鋪設是物聯網的架構基礎，但是現有的大部分感測器都被私有網路掌控，只為有限的應用服務。這種現狀根本不是物聯網的初衷 —— 資料共享。

　　舉例來說，大型商場為了檢測停車位的使用情況，花費大量的金錢安裝了一個大型的感測器網路。對於任何公司來說，建構這樣的基礎設施都是必要的，但是成本非常高。最終，巨資建設的基礎設施只能用於判斷停車位情

況，實在是可惜。其實，商場完全可以將其中的資料資源提供給研究人員作為參考。

還有一些重視科技應用的水務公司在水龍頭上安裝感測器，這些感測器上關於洗手頻率的資料對一些衛生組織制定政策具有參考價值，但由於這些資料只屬於這家公司，衛生組織也無可奈何。

可見，上述物聯網中的資料並沒有掌握在需要該資料的人手中。一方面，擁有物聯網資料的公司們沒有意識到市場對物聯網資料的渴求；另一方面，物聯網根本不存在一個有利於分享與交易的商業模式。儘管 Xively、Thingspeak、Thingful 等雲平台支援個人分享感測器資料，但是由於缺乏對資料擁有者的獎勵機制，使資料擁有著不願意提供持續穩定的元資料。

所以，建立一個物聯網的全球資料市場進行資料分享交易是必要的。2014 年，兩位瑞士的學者發表了論文《如何透過比特幣交換感測器資料並實現感測器自盈利》，其中就提到了直接向感測器支付費用獲得資料資訊的設想：建立一個由感測器端、請求端、感測器庫組成的系統，處於這個系統中的感測器可將其測量資料值上傳至世界範圍的資料市場中，利用比特幣區塊鏈進行資料交易。

Tilepay 正在做的就是整合全球感測器資料，讓設備實現自盈利，建立起感測器之間去中心化的行動支付。想像一下，如果 Tilepay 研究成功，每個感測器都可以進行資料交易，那麼一個私有的停車場管理公司下屬的停車場感測器，可以透過 Tilepay 搭建的平台即時出售當前停車資料，研究人員可以透過應用程式購買它的當前資料用作研究。

當然，現實面臨的挑戰還有很多。由於物聯網技術非常複雜，上下游產業鏈較長，再加上區塊鏈的發展還處於早期階段，走向真正的物聯網世界還有很長的路要走。但現在，Tilepay 已經整合了物聯網與區塊鏈技術的相關廠家，共同開發並著手制定了相關產業標準。

在軟體開發領域，Tilepay 與 ignite 軟體開發公司展開合作，專注於區塊鏈和智慧合約軟體的開發；在物聯網感測器領域，Tilepay 與彙集了全球無數物聯網感測器即時資料的 Thingful.net 網站深度合作，使感測器節點支援 Tilepay 的協議和功能；在硬體產業鏈上，Tilepay 和 6.1.2　節講述的 Filament 公司合作開發區塊鏈網路，使 Filament 公司的所有開源硬體都可以加入到 Tilepay 的網路裡面。此外，Tilepay 還與硬體製造商 Cryptotronix、ATMEL 以及智慧穿戴設備開發商 nymi 合作，為物聯網領域帶來基於比特幣區塊鏈的硬體小微支付方案。

為了實現設備自盈利，Tilepay 在物聯網領域不斷探索，踩出了一個又一個堅實的腳印。當區塊鏈與物聯網聯合，兩者將會實現優勢互補，為人類帶來更智慧的生活。

6.2
還未實現萬物互聯的物聯網

物聯網是一個非常廣泛的概念，涵蓋了所有的領域。從全球內來看，無論是 IBM 早期所提的「智慧地球」還是思科倡導的「萬物互聯」，或者是新加坡要建構的全球首個「智慧國」等，都屬於物聯網。自 2009 年概念期過後，物聯網已經逐漸導入成長期，隨後進入高速發展期。然而，當今的物聯網，還沒有實現真正的萬物互聯。

6.2.1　物聯網原理

物聯網（Internet of things）的意思是物物相連的網際網路。如果物聯網

時代來臨,人們的日常生活將會發生翻天覆地的變化。

　　大多數人對於物聯網的概念都是懵懵懂懂的,下面我們一起看看物聯網的原理。物聯網是在電腦網際網路的基礎上建構的,主要利用無線電頻識別(RFID)、無線資料通訊等技術,達到萬物互聯的結果。在物聯網建構的網路裡,所有的物品都可以自發進行「交流溝通」,無須人的干預。這種「交流溝通」的實質是利用無線電頻自動識別技術實現物品自動識別和資訊的互聯與共享。

　　在物聯網構想中,無線電頻識別技術是讓所有物品發起「交流溝通」的一種技術。無線電頻識別標籤中儲存著規範且具有互用性的資訊,無線資料通訊網路可以將這些資訊自動採集到中央資訊系統實現物品識別,進而透過開放的網路進行資訊交換和共享,從而實現物聯網的終極目標 —— 萬物互聯。

6.2.2　物聯網的技術架構

　　6.2.1 小節講到物聯網的原理,下面接著看看物聯網的技術架構。物聯網架構分為三大層次,內容如圖 6-2 所示。

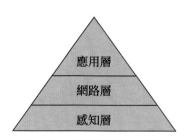

圖 6-2 物聯網架構三大層次

　　作為一個系統網路,物聯網與其他網路一樣都有內部獨有的架構。物聯網的系統架構分為感知層、網路層、應用層三層。感知層主要是利用無線電

頻識別、感測器、QR code 等技術達到隨時隨地收集物體資訊的目的；網路層主要透過融合各種電信網路與網際網路使物體資訊快速而準確地傳遞出去；應用層是將感知層收集的物體資訊進行處理，最終用於智慧化識別、定位、跟蹤、監控和管理等實際應用中。

在物聯網的技術架構中，感測器技術、無線電頻識別標籤以及嵌入式系統技術是三大關鍵技術。

感測器技術是物聯網應用中最關鍵的技術，也是電腦應用中的關鍵技術。眾所周知，幾乎所有的電腦都只能處理數位訊號，所以自電腦誕生以來，就需要感測器把模擬訊號轉換成數位訊號，然後交給電腦處理。

無線電頻識別標籤也屬於一種感測器技術，因為無線電頻識別技術是融合了無線電頻技術和嵌入式技術為一體的綜合性技術。在自動識別、物品物流管理等領域，無線電頻識別技術都有著廣闊的應用前景。

嵌入式系統技術是一種複雜的技術，因為它融合了電腦軟硬體、感測器技術、積體電路技術、電子應用技術等多項技術。嵌入式系統技術的應用已經有幾十年之久，小到人們身邊的 MP3，大到航太的衛星系統，無不是嵌入式系統技術的應用。那些具有嵌入式系統特徵的大大小小的智慧終端正在改變著人們的生活，推動著工業生產以及國防工業的發展。

如果把物聯網比作人體，感測器就是人的臉、眼睛、鼻子、嘴巴等感官，網路就是用來傳遞資訊的神經系統，而嵌入式系統則相當於人的大腦，在接收到感官傳來的資訊後要進行分類處理。這一形象比喻將感測器、嵌入式系統在物聯網中的位置與作用形容得非常貼切。

總而言之，物聯網是基於網際網路將使用者端延伸和擴展到了任何物品與任何物品之間，然後進行物品間資訊交換和通訊的一種網路概念。

6.2.3 物聯網開啟爆炸式成長大門

2016 年 11 月 30 日至 11 月 1 日，世界物聯網博覽會在江蘇無錫舉行。參加會議的政府有關負責人和權威專家都認為，經過前期發展積累，物聯網已經迎來了非常多的機遇，很有可能就此開啟爆炸式成長大門。

物聯網迎來的機遇有四重，內容如圖 6-3 所示。

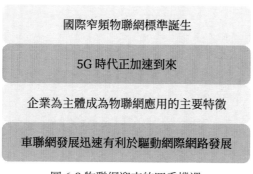

圖 6-3 物聯網迎來的四重機遇

第一重機遇是國際窄頻物聯網標準誕生。物聯網曾經發展困難，主要原因是 60% 以上的低速率感測器應用匹配不到合適的傳輸手段。由於傳輸距離短、覆蓋窄，使用光纖與行動通訊成本高，但是 WiFi、藍牙連接又不可靠。2016 年 6 月，窄頻物聯網標準 NB-IoT 在韓國釜山通過，這意味著物聯網這一「瓶頸」得到化解。

窄頻物聯網的特點有四個：一是覆蓋廣，覆蓋能力是當前的行動通訊的100 倍之多，穿透力可達到地下車庫；二是連接大，支援的終端數是傳統行動通訊的 50 ～ 100 倍；三是功耗低，一個電池就能支援一個物聯網模組工作長達 10 年；四是成本低，1 美元是晶片成本的最終目標。

第二重機遇是 5G 時代正加速到來。對物聯網來說，高速網路是必需的。在 2020 年，5G 技術很可能將會逐步成熟並投入試運行。如果 5G 時代

來臨，一平方公里支援一百萬個物聯網終端將不是問題，這對於擴展物聯網應用，促進物聯網和行動網路深度融合有重要意義。

第三重機遇是企業為主體成為物聯網應用的主要特徵。截至 2016 年年底，包括三星在內的很多大企業都進入到物聯網領域。從 2017 年開始，三星的電子設備都要變成物聯網上的設備。

對眾多大企業來說，物聯網是新的業務成長點。智慧城市是以物聯網為基礎的。Google 耗費 32 億美元收購了一家煙霧感測器企業，宣布正式進軍物聯網領域。

第四重機遇是車聯網發展迅速有利於驅動物聯網發展。事實上，汽車就是物聯網的節點，物聯網正在給汽車重新下定義。一輛好汽車上可以有上百個感測器，自動駕駛汽車就是行動網路、物聯網、雲端運算和大數據技術與先進汽車技術融合的最佳體現。目前車聯網火速發展，有利於驅動物聯網發展。

李強認為製造業轉型需物聯網嵌入，他說：「物聯網將以其顛覆性變革、全面性滲透，給人類生產生活帶來更加廣泛而深刻的影響。它給經濟發展植入新基因，也給社會治理提供新手段；它給人們衣食住行乃至教育、醫療帶來極大便利，也給生產製造、行銷服務、商業模式帶來顛覆創新；它給物理世界的萬事萬物帶來結構性的時空重塑，也給人們的理念、思維和行為方式帶來深刻變革。」

6.3
區塊鏈＋物聯網

> 除了金融業以外，物聯網算得上是與區塊鏈聯繫最密切的領域了。如果將區塊鏈技術應用於物聯網，將可以保證這個終端數量龐大的設備網路高效運行，不僅能提高系統速度，節省一些複雜的環節，還能增強其真實性。

6.3.1 傳統中心化模式的超高維護成本

當物聯網普及之後，這樣的場景可以實現：冰箱裡的牛奶不多了，冰箱可以自動聯繫供應商下訂單，執行自助服務進行維護，透過外部資源下載新的製冷程式，合理安排時間週期降低電力成本，與對等設備協商優化環境；汽車可以透過智慧操作找到最方便省時的路線，還能讓主人在路過的商店順便購買一包香菸……

所有的情景都將會透過物聯網實現。很多不利用電腦的產業已經被大量的聯網設備代替了，尤其是其他技術（比如區塊鏈）與物聯網相結合時會有更多這樣的事情發生。

但是，物聯網遇到的主要問題是難以實現設備之間以及設備與設備所有者之間的互動。在當前物聯網系統無法解決這一問題時，技術公司和研究者希望透過區塊鏈技術解決這些問題。

在沒有遇到區塊鏈之前，物聯網生態體系只能依賴中心化的代理通訊模式或者伺服器／使用者模式。在這個生態體系裡，所有的設備都透過雲端伺服器驗證連接在一起，設備之間的連接僅僅透過網際網路即可實現，儘管只是在幾公尺的範圍裡。而這個雲端伺服器要求具有非常強大的運行和儲存

能力。

這種物聯網模式連接通用電腦設備已經有幾十年了，而且依然支援著小規模物聯網網路的運行。儘管如此，隨著物聯網生態體系的需求不斷成長，雲端伺服器已經滿足不了巨大的需求。眾所周知，當前的物聯網解決方案是非常昂貴的，因為中心化的雲端伺服器、大型伺服器以及網路設備等基礎設施的維護成本都非常高。當物聯網設備的數量需要增加至數百億甚至數千億時，大量的通訊資訊產生了，這將會極大地增加成本，使物聯網中心化模式遭遇「瓶頸」。

即使成本問題和工程問題都能順利解決，雲端伺服器本身依然是一個「瓶頸」和故障點，這個故障點有可能會顛覆整個網路。從物聯網的當前環境看，雲端伺服器的這種顛覆性作用還沒有明顯表現出來，但是當人們的健康和生命對物聯網的依賴越發明顯時，這就顯得尤為重要了。

因為我們無法建構一個連接所有設備的單一平台，也無法保證不同廠商提供的雲端服務是可以互通而且相互匹配的。而且設備間多元化的所有權和配套的雲端服務基礎設施將會使機對機通訊變得異常困難。

區塊鏈技術破解了物聯網的超高維護成本以及雲端伺服器帶來的發展「瓶頸」。區塊鏈可以透過數位貨幣驗證參與者的節點，同時安全的將交易加入到帳本中。交易由網路上全部節點驗證確認，消除了中央伺服器的作用，自然就不需要為維護中央伺服器而付出超高成本。

6.3.2　區塊鏈讓物聯網真正實現去中心化

區塊鏈與物聯網的結合可以建構一個物聯網網路去中心化的解決方案，從而規避很多問題。採用標準化 P2P 通訊模式處理設備間的大量交易資訊可以將運算和儲存需求分散到物聯網網路中存在的各個設備中，這樣可以避免網路中任何單一節點失敗導致整個網路崩潰的情況發生。然而建立 P2P 通訊

的挑戰非常多，最大的挑戰就是安全問題。

物聯網安全不僅僅是保護隱私資料這麼簡單，還需要提供一些交易驗證和達成共識的方法，防止電子欺騙和盜竊。那麼區塊鏈帶來的解決方案是什麼呢？

區塊鏈為 P2P 通訊平台問題提供的解決方案是一種允許創建交易分散式數位帳本的技術，這個帳本由網路中所有的節點共享，而不是交給一個中央伺服器儲存。

區塊鏈分散式帳本是防篡改的，惡意犯罪分子根本沒有機會操縱資料。這是因為分散式帳本不存在任何單點定位，也沒有可以被截斷的單線程通訊，有效避免了中間商攻擊。區塊鏈真正意義上實現了可信任 P2P 的消息傳送，並且已經透過以比特幣為首的數位貨幣證明了自己在金融業的價值，不利用第三方仲介就可以完成 P2P 支付服務。

將區塊鏈用於物聯網也存在一些挑戰，比如處理能力和能源消耗就是一個需要考慮的問題。區塊鏈交易加密和驗證時需要運算密集型操作，這要求有大量的算力才能執行完成，而很多物聯網設備缺乏的就是算力。儲存方面也存在一些問題，因為帳本記錄的資訊將會越來越多，這就使網路節點中儲存的帳本記錄也越來越多。

市場研究公司 Machina Research 的分析家吉米‧格林（Jeremy Green）解釋說：「由區塊鏈驅動的自治物聯網網路將會給製造商尋找的商業模式帶來挑戰，這種商業模式包括有持續收入來源的長期訂閱關係。因此，製造商們必須做好心理準備，區塊鏈將會徹底顛覆當前以及預期中的商業和經濟模式。」

現在，區塊鏈技術的應用還處於初期探索階段，但是可以預見，物聯網和區塊鏈的結合是前途無量的，去中心化自治網路會對物聯網的未來起決定性作用。

6.3.3　左手比特幣，右手物聯網經濟

冰箱、汽車、醫療器械和許多其他設備，有一天都將會與網際網路相連。進一步來說，在物聯網下，這些設備之間可以彼此通訊和交易，這是比特幣的一個潛在應用。未來的物聯網經濟，或許是以比特幣為基礎的物聯網經濟。

對於物聯網研究者來說，物聯網就是一個系統，這個系統可以將世界上任何一個物理對象都變成一台接入到網際網路的電腦。當研究物聯網經濟（物聯網運行的商業模式）時，我們應該可以想到每一個物理對象將變成一個在全球資料市場裡自主運行的資料與錢進行交換。

比如，一個停車場管理公司安裝了一個全國性的感測器網路來檢測停車位的使用狀況。對於停車場管理公司來說，基礎設施的建構耗費了大量的金錢，但是這些資訊可以幫助停車場管理公司回收一部分成本。當使用者開車四處尋找停車位時，可以透過一個應用程式查看從 20 幾個感測器即時傳送過來的車位資訊，並為此支付費用。

那麼，使用者以什麼方式來支付費用呢？首先停車場管理公司作為感測器提供者需要與服務提供者簽訂一份協議。使用者如果需要使用停車場管理公司收集來的資料，必須要向服務者提供購買服務，或者用自己的個人資料來交換停車場管理公司的資料。

現在，有另外一種簡單的方法可以幫助使用者完成資料交易。此時，比特幣就能發揮作用了。使用比特幣完成資料交易的實質是透過比特幣向提供資料資訊的感測器直接支付費用。

比特幣具有開放性，對於任何人和任何事物，包括每一個感測器。所以，每一個感測器都可以有自己的比特幣帳戶，免費而且不需要任何人為介入。那麼，一個資料集資訊價值多少呢？可能連一分錢都不到。儘管很多人

都懷疑傳統的支付系統是否有能力高效地管理比特幣，但是已經有很多比特幣開發者正在致力於研發使用比特幣進行小額的交易支付。

基於比特幣的物聯網經濟是一個巨大的機會，Bitnet 比特幣支付平台的 CEO 約翰·麥科唐納（John McDonnell）說：「物聯網之下，機器都可以相互交談，完成支付。一台噴墨影印機的墨水快要用完的時候，可以自動向惠普訂購影印機墨水。」

約翰·麥科唐納所談到的場景是物聯網經濟的關鍵。現在，如果辦公室裡影印機的墨水用完了，但是你急需影印一些文件，那麼只能說你運氣不好。物聯網經濟下就不存在這個問題，如果影印機意識到墨水將要用完的時候，它可及時聯繫影印機公司，然後訂購更多的墨水，你甚至沒有注意到這些事情是什麼時候發生的。而這一切的前提是影印機可以使用比特幣進行支付。

如果使用者仍然需要對影印機有所控制，那麼影印機可以連接到使用者的手機。當墨水即將用完的時候，影印機會發送簡訊給使用者，讓使用者知道影印機裡墨水的狀態以及它的訂購計畫，然後經過使用者批准後再執行交易。

比特幣讓這所有的一切有了實現的可能。就像 Stripe 數位貨幣部負責人克里斯蒂安·安德森（Christian Anderson）所說的：「我們擁有了這種開放的技術基礎，就很容易在這之上建立一些東西，比如物聯網。」

第 7 章
區塊鏈在大數據領域的應用

當我們在比特幣的範圍內討論區塊鏈的時候，區塊鏈貌似與大數據關係不大。但是在比特幣之外的金融貿易、商業合約、股票交易等領域，區塊鏈與大數據有很大關係。以金融貿易領域為例，巨大的區塊資料集合包含著每一筆金融交易的全部歷史，這些資料透過分析可以得到另外一些價值。然而，區塊鏈提供的完整性資料，並不能進行分析，所以這時候就涉及大數據以及其分析工具。

7.1
大數據分析價值創造模式

從發現價值到創造價值，大數據已經成為了網路產業升級的動力源。 在過去，資料主要在決策領域發揮價值，即透過資料收集、管理、分析等方法將資料轉化為價值進而提供決策支援，比如商業智慧在企業管理層面上的應用。隨著資料的體量成長以及資料處理能力的提升，大數據已經成為一種有價值的資產，不僅可以用於決策支援，還能發揮創造價值的功能，例如，完善個人資料體系、提供即時交通資訊服務等。

7.1.1　什麼是大數據

大數據不是簡單意義上的大量資料，而是涵蓋了資料處理與分析能力以及為人發現價值、創造價值的新概念。

這還沒有結束，未來的資料量最終會達到什麼級別是我們難以想像的。大數據中「大」的定義一直在刷新。在 2003 年左右，1GB 資料已經算得上是大數據；10 年後，1TB 資料也還好，並不是非常大；如今，ZB 級別的資料也不會令人詫異。事實上，大數據的核心也不是「大」，而是價值。大數據的本質就是資料，沒有足夠有效的分析與應用，再大的資料都沒有價值。

大數據包含很多類型的資料，不僅包括傳統意義上有行有列有數值或者文字的資料表單，還有影片、聲音、圖片、文檔等。傳統資料表單是一種結構化資料，其餘的資料被稱為「非結構化資料」。結構化與非結構化資料每時每刻都在成倍地增加。比如道路上的影片監控，二十四小時地記錄著圖片與影片，一旦發生交通意外情況，這些資料就成為處理問題的重要資料。

幾十年以後，利用影片資料搜尋到一張特定身影或者臉孔將成為非常簡單的事情。但是，影片類大數據應用還需要資料分析技術來實現。同樣，基

於聲音、圖片或者文本的分析與資料探勘將為人類理解大數據帶來革命性的突破。

人們對大數據的印象似乎就是數字、圖表、圖形等，並沒有什麼真實體驗到的感覺。實際上，透過數字、圖表形式進行基本的資料處理、分析與預測，是大數據應用的初級階段，這個階段的資料應用是很難被使用者具切實感受到的。

隨著大數據在實際場景中的應用落地，人們將會在日常生活中的各個場景中感受到以大數據為基礎建構出一個更真實、更智慧可控的世界。當大數據完全滲透進人們的生活，與大數據相關的生活應用也會越來越多，場景化的呈現模式也將應運而生，同時也會催生出更多的可能性。

隨著大數據場景化應用的不斷深化，人們不僅能夠領略到航空領域的大數據，還將感知並體驗到多維度的大數據應用。比如，使用者出行的天氣資料、地面交通等即時資料。當這些資料進行了場景化應用後，就會出現以下情形。

一家公司的業務經理預計今天出差回來，其助理要去機場接機。助理為了保證順利接機，避免因天氣或者塞車延誤了接機時間，他打開一個大數據的場景化 APP 隨時隨地查看即時的天氣與地面交通動態以及即時航班動態資訊。如此一來，助理合理安排了接機行程，避免了偶然情況的發生。

在具體的商業場景和產業生產中，大數據才能發揮其重要價值和意義。

「得資料者得使用者」、「得資料者得天下」的說法是片面的，因為大數據本身的價值並不大，只有將其運用到實際場景中，大數據本身才產生了價值。所以，企業應該建立資料庫，將之轉化為有價值的資料財富應用到產業化場景中，強化企業核心競爭力，建築企業競爭壁壘。

企業對大數據的應用包括收集、積累、處理、應用等一系列環節，而資

料價值體現在產業化的管理和使用環節中。企業應當正確看待大數據的價值

與作用，將大數據作為產業鏈中必不可少的驅動力與創新力，使其發揮「內核發動機」的作用。大數據的產業化應用可以促進人類經濟社會生產與再生產，實現產品與服務的最優化。以下是大數據產業化應用的三個主要層面，內容如圖 7-1 所示。

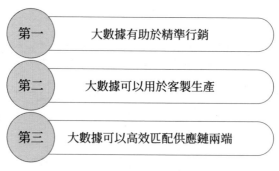

圖 7-1 大數據產業化應用的三個主要層面

第一，大數據有助於精準行銷。企業根據市場需求進行生產，然而卻總是出現生產過剩或者商品滯銷等問題。根本原因是產品或服務與消費者之間有「一堵牆」，也就是說，產品或服務與消費者之間缺乏近距離溝通。大數據對目標消費群體多維度的特徵描述可以幫助企業推翻產品或服務與消費者之間的「牆」。

網際網路時代，各種大數據手段能夠捕捉到使用者的個人資料以及網路行為資料，並透過資料化處理手段將其保留在雲端。而且使用者每一次在網際網路上出現都能被監測到，並將使用者產生的資料不斷累積最終形成精準的使用者資料。企業透過大數據對使用者的定位可以實現精準行銷，促進利潤成長。

第二，大數據可以用於客製生產。客製生產是以消費人群的細分為基礎

進行產品設計、生產，以滿足日益豐富的多層次、個性化的消費需求的生產模式。隨著消費者市場的形成，企業必須看重細分領域消費者的需求，透過提供更個性化的產品與服務提升企業競爭力。

實行客製生產對企業提出了嚴苛的要求，企業必須在產品設計、生產、供應、銷售以及配送等各個環節上適應小批量、多樣式、多規格的生產和銷售變化。在客製生產過程中，大數據在挖掘消費者個性需求、產品設計、建立多通路行銷策略等方面起著重要的參考和促進作用。客製生產的所有環節的出發點都是消費者資料。

電商與傳統企業追求的最高境界是一樣的，都希望做成個性化、一對一客製生產的經營模式。在市場競爭日漸激烈的情況下，客製生產將成為企業獲得市場有利地位的有效途徑，而大數據的價值在客製生產時代將發揮得淋漓盡致。

「（Consumer to Business, C2B）消費者到企業」和「大數據」的網際網路概念給眾多企業管理人帶來了關於企業生產模式的新思考。很多業內人士認為，基於網際網路大數據開展的客製服務逐漸成熟，即將開啟產品銷售的新模式。

客製生產的產品，將會得到市場的接受認可，並在很大程度上受到消費者偏愛。客製生產的理念促進了企業資源分配的最優化，避免了定位不精準導致的產能過剩。其中，檢驗資料的可靠性與可挖掘價值以及是否應當將其看作客製化生產指標的問題至關重要。這樣一來，企業就必須注重收集資料的科學性、邏輯性與準確性。

第三，大數據可以高效匹配供應鏈兩端。精準行銷和客製生產是從企業端和消費者端來講的。企業端對消費者端的精準行銷和消費者端對企業端的客製模式是大數據產業化應用最廣泛的場景。實際上，大數據在企業與消費者之間充當了資訊橋梁的角色。

　　企業與消費者的溝通經常出現問題，比如，企業市場定位的偏差，消費者傳達的偽需求等。一旦兩者出現溝通失誤，企業的產業鏈將變得冗長和落後，致使成本費用增高，效率低下，而且消費呈萎靡、滯緩的狀態。而大數據能夠真實地體現一個企業的狀況，一個消費者的狀況，然後告訴企業消費者想要什麼樣的產品，告訴消費者不同企業產品與服務的差異之處。

　　企業和消費者是產業鏈的兩端，雙方反饋速度的快慢都由中間環節的長短決定。產業鏈過長將導致雙方反應速度滯後，而市場經濟環境變幻莫測，供應與需求之間的及時匹配本就很難保證。因此，企業應當建立產業生態鏈條的全閉合和高效供需匹配機制，做到即時響應、反饋，尋找企業與消費者的利益契合點並且進行組合搭配。

　　大數據的挖掘成本和價值含量，直接影響著企業的未來發展。大數據存在的意義就是應用，大數據高層級的產業化應用是當下資料發展的方向。資料產業化是一個市場機遇，而我們正在經歷著資料時代的變遷，企業應當抓住這個千載難逢的機遇。

7.1.2　一切都以資料為依據

　　如今，電商、汽車、手機、化工等幾乎所有產業都在開展以大數據分析為基礎的各種應用，比如：電商透過使用者行為資料的分析，以達到促銷和相關貨品推薦的目的；航空公司透過旅客反饋資料分析，以改進空中服務；汽車廠商透過客戶維修資訊資料的分析，以改進汽車硬體的可靠性增加客戶的滿意度；手機公司透過手機銷售量預測資料分析，以優化庫存，降低成本。

　　一切都以資料為依據的網際網路時代，已經昂首闊步的向人們走來。隨著產業化的變遷，大數據的應用價值逐漸成為企業的利器，使企業在市場競爭中占據先機，所向披靡。Facebook 就是一家致力於大數據應用的公司之一。

　　Faceboo 創始人馬克・祖克柏（Mark Zuckerberg）曾透露，不希望使用者

透過「踩」（dislike）按鈕去表達反對意見。不過，Facebook 已經計劃公開測試的新按鈕將幫助使用者表達更多樣化的情緒。例如，當使用者看到讓人心痛的內容時，使用者可以透過一些踩按鈕去表達自己的同情情緒。祖克柏表示，「使用者對『踩』按鈕的要求已經有很多年了，我們將開發出滿足更大規模使用者群需求的產品。」

Facebook 是美國一個提供社交網路服務的網站，單日使用者數已經突破十億。其創始人是馬克·祖克柏。祖克柏的團隊一直致力於對使用者行為資料的研究分析，從而達到發送針對性廣告的目的。使用者行為包括按讚、分享、評論以及點擊頁面情況等。在網際網路時代，各大網際網路巨頭擁有大量使用者資料資訊是不可爭辯的事實，Facebook 賴以生存的基礎就是使用者的情緒資料。

大家知道 Facebook 是怎麼利用大數據的嗎？ Facebook 甚至知道使用者什麼時候跟別人約會，什麼時候跟戀人分手。Facebook 在其公開部落格中宣稱，利用使用者的情緒資料，Facebook 可以判斷使用者是否戀愛、何時開始戀愛、何時跟別人約會以及何時分手。也就是說，Facebook 可能還比某些情侶更早地就察覺到了他們之間萌生了愛意。

無論是傳統的情侶交往，還是社交網路中的使用者確立戀愛關係的過程都會經歷「求愛」的階段。美國研究員卡洛斯·迪烏克（Carlos Diuk）認為，「沿著時間的推移，社交網路中的使用者在求愛期發文會明顯增多。而一旦確立了戀愛關係，兩人在對方 Facebook 留言板上發的貼文都會減少。因為熱戀期的情侶總願意花更多時間在現實生活中相處」。

Facebook 透過對大量使用者情緒資料進行分析，得出這樣一個結論：使用者在成為情侶之前的 100 天裡，即將墜入情網的兩人相互發文數量越來越頻繁。而兩人正式確立情侶關係後，相互發文數量越來越少。相戀的兩人發文數量的最高峰在正式確立情侶關係之前的 12 天裡，平均每天發文數為 1.67；

而確立情侶關係以後的 10 天裡，兩人平均每人每天發文數為 1.53。

出現這個現象的原因與迪烏克的描述相符，情侶在度過求愛期以後，雙方共處的時間增加，線上互動自然就少了。迪烏克表示，Facebook 的使用者資料還顯示了另外一個有趣的現象，即使用者在告別單身之後，情侶之間的互動充滿了愛意，互動內容越來越甜蜜。

Facebook 非常喜歡利用使用者的情緒資料做資料分析。2012 年的時候，Facebook 就開始收集使用者主動公開感情的資料對資料分析做出嘗試。當時，Facebook 透過讓使用者分享自己的收聽習慣已經積累了大量使用者收聽音樂的習慣資料。擁有八卦心的 Facebook 團隊將情感關係和音樂這兩個概念巧妙地融合在一起開始了資料探勘工作。

最終，Facebook 找到了使用者進入一段戀愛關係後喜歡收聽的歌曲以及分手後喜歡播放的歌曲。2012 年情人節當天，Facebook 發表了一個有趣的歌曲排行榜，取得了很好的傳播效果。Facebook 將分析結果用在基於資料的推薦引擎上，給了使用者更優質的使用者體驗。Facebook 還利用各種資料分析的推測結果建立了新的社交服務功能 —— 向使用者提供最契合心境的曲目。

Facebook 對使用者情緒資料的價值挖掘獲得了成功。不久之後，Facebook 還將採用一項全新的監測手段，不僅能夠準確地收集每個使用者的行為資料，還能預測使用者行為背後的情緒資訊。這些新的資料將豐富 Facebook 長期積累收集的大量資料。

Facebook 的分析主管 Ken Rudin 表示這項方案目前還在試驗中，不會大面積推廣。由此收集到的資料是否可靠而有價值還無法下定論。未來，Facebook 一旦發現這項監測手段的好處並對所有使用者實施監測，所面臨的使用者隱私方面的問題將亟待解決。對此，Facebook 保證說：「我們絕不會向 Facebook 以外的任何人分享使用者的情緒資料，也不打算透過它來收取高額廣告費。」

《華爾街日報》相關報導稱，Facebook 正在開發對使用者行為的監測的方案在目前的網際網路產業中沒有出現過，而普遍流行的監測方式是透過開源的 Hadoop 框架進行使用者資料分析。相關資料表明，Facebook 在最近的幾年裡已經收集分析了超過 300PB（1PB 等於 1,024TB，1TB 等於 1,024GB）的資料資訊。

將大量資料收集整理分析的作用是企業不僅可以利用最好的技術獲益，還可以利用最好的資訊獲益。為了進步發展，企業必須在資訊技術方面投入大量金錢和精力。Facebook 對大數據的運用還給了其他企業一些啟示，內容如圖 7-2 所示。

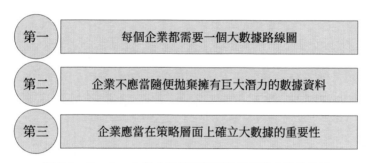

圖 7-2　Facebook 對大數據的運用給了其他企業的啟示

第一，每個企業都需要一個大數據路線圖。在高速成長的資訊時代裡，每個企業都需要一個大數據路線圖。美國產業分析研究公司福雷斯特

（Forrester）估計，企業資料的總量每年成長將近一倍。每個企業都應該制定獲取資料的策略，包括企業內部電腦系統的常規機器日誌以及線上使用者的互動記錄。即使企業並不知道這些資料的意義，也必須收集這些資料。資料的價值在偶然的情況下就可能顯現出來。

第二，企業不應當隨便拋棄擁有巨大潛力的資料。企業還需要一個計畫以應對資料的指數型成長。照片、即時資訊以及電子郵件的數量非常龐大，由手機、GPS 及電腦構成的「感應器」釋放出的資料量更加無法估量。企業

應該建立相應的資料收集、管理系統以應對暴增的資訊資料。

　　第三，企業應當在策略層面上確立大數據的重要性。GE（奇異公司）的全球策略與文化就是六標準差及相應的資料分析流程。不僅如此，GE 堅持不懈地推動以資料分析為基礎的持續改善工作。GE 還在高端航空發動機研發以及能源系統業務領域方面，導入了代表資料分析界最高水準的實驗設計（DOE）方法，對進一步提升其研發水準發揮了很大作用。

　　任何企業都應該像 GE 一樣，具備一種將資料分析貫穿於整個組織的視野。透過觀察 Google、亞馬遜、Facebook 和其他科技領袖企業，我們發現了大數據帶來的無限可能性。管理人員需要做的就是在組織中融入大數據策略。

　　國外大型網際網路巨頭們應用大數據進行決策已經數年有餘，他們在大數據應用方面已經獲得了廣泛的成功。儘管我們很難達到相同的水準，但是學習他們的成功經驗，一定可以促進企業的自身發展。

7.2
區塊鏈上的大數據更具有可信性

> 　　一般認為，資料發展經過三個階段。在第一階段，資料是無序的，而且沒有經過充分檢驗；在第二階段，大數據興起，透過人工智慧演算法進行品質排序；在第三階段，資料採用區塊鏈機制獲得基於網際網路全局可信的品質。正是區塊鏈能夠讓資料進入第三階段。可以說，區塊鏈上的大數據是人類目前獲得的信用最堅固的資料，其精度和品質都非常高。

7.2.1　區塊鏈與大數據共建未來信用

區塊鏈出現的重要歷史原因就是對信用的需求日益成長。商品經濟最初的方式是以物易物，但是這種交易方式成本很高，主要是運輸成本。在這種情況下，市場經濟開始考慮降低交易成本，於是很快就過渡到了利用信用建立交易的方式。信用建立是金融的核心，而傳統的信用建立大多依賴「中心」，包括央行、商業銀行、法院等。

傳統金融的信用成本也比較高，主要是金融基礎設施建設成本。比如，一些人喜歡在城市周邊騎自行車郊遊，對於不喜歡隨身攜帶現金的人來說，他們可能會遭遇無法住宿、不能吃飯，甚至連水都買不到的情況。

後來，市場上又出現了網路金融。以微信為例，透過大數據來建立信用是其主要特徵。網際網路金融的基礎是大數據金融，大數據使信用建立的成本比傳統銀行吸儲放貸方式的成本降低了很多。隨後出現的一系列網際網路金融行為都出現信用建立成本下降的趨勢。

那麼，區塊鏈與大數據結合在一起有必要嗎？眾所周知，網際網路解決了資訊的自由傳遞問題，但是資產不可以。在現實環境中，資產在傳遞過程中具有所有權唯一，不能隨便複製的特點。所以，第一代網際網路 TCP/IP 協議無法使人們在網際網路上建立所有權和信用制度。

作為比特幣的創始人，中本聰認為信用建立不能依賴某個中心，因為任何過度中心化的結果都會產生資訊不對稱的問題，會存在利用中心權力損害參與者的利益、損害市場上其他方利益的情況。因此，比特幣白皮書開篇就提出：「我們要開創一種不需要第三方的、不需要仲介的支付系統，電子貨幣的支付系統。」

中本聰倡導的不依賴任何中心的信用建構方案就是我們所說的區塊鏈技術。區塊鏈系統中完成的每筆交易都蓋了「時間戳」，防止重複支付等問題。

如果有人重複支付，那麼時間就會產生矛盾，系統會自動識別為非法交易。

根據一定的利益規則，礦工受利益驅動負責為每一筆交易蓋「時間戳」。礦工的利益是每 10 分鐘全網只能競爭到的唯一的合法記帳權的獎勵。誰競爭到了，就可以獲得一定數量比特幣的獎勵。同時，全網其他礦工要同步一致它這個記帳，然後競爭下一個區塊記帳權。

區塊鏈透過全網作證重新建構了信用體系，這種方式僅僅以運算資源為代價。當人們已經開始討論網路系統時，他們還沒有意識到，下一代最有可能就是一個真正去中心化的系統。

到時候，使用者在任何 APP 上產生的資料都可以透過加密演算法保存在區塊鏈上。使用者自己掌握著金鑰，可以使用這些資料。當使用者需要向銀行貸款時，只要向銀行提供自己的公鑰和金鑰，銀行就能分析區塊鏈上系統上的大數據，得出貸款人的信用情況。在未來，我們每個人都會透過區塊鏈系統上的大數據獲得全球信用。

如果說傳統金融的信用建立在鋼筋水泥的大廈之上，那麼未來信用將建立在區塊鏈上的大數據上。看看我們現在的信用生活：如果沒有政府的認證，出生證明、結婚證書以及房屋權狀都是沒有人承認的。當我們出國的時候，更是會遇到各種各樣的麻煩，比如合約得不到承認或者無法執行等。當前的信用執行系統成本非常高，包括法院、警察等，而高昂的成本都由我們每個人分攤了。

在未來，區塊鏈上的大數據會為我們公證。比如，公證你和女兒的母女關係，這將會在幾分鐘裡成為區塊鏈上的資料，全網公開。如果有人想要篡改你們的關係，除非他能夠控制全網超過 50% 以上的算力。

在區塊鏈大數據時代，未來的信用依賴全網公證實現，這是極具顛覆性意義的。每個消費者將依靠區塊鏈上的大數據獲得信用，而區塊鏈會成為全球金融的基礎架構。

7.2.2 區塊鏈是驗證資料出處和精確性的核心工具

區塊鏈技術的複雜性以及普及率低影響了其應用推廣，然而我們無法否認它的巨大潛力，因此只能強調其巨大潛力來吸引開發者的關注。

2016 年 5 月，IDC 發布相關報告，稱區塊鏈是驗證資料出處和精確性的核心工具，可以用於資料升級追蹤，幫助不同資料領域建立起真正的權威資料。

IDC Government Insights 的研究主管肖恩・麥卡錫（Shawn McCarthy）表示：「當前，政府對 IT 安全、資訊安全和可靠性表現出了極大的重視。而區塊鏈技術是 IT 經理人的強大工具，在資料安全領域作用重大。政府可以利用區塊鏈技術減少欺詐、提高安全性，搭建和公民之間的新關係。」

根據 IDC 的報告，區塊鏈是改善資料真實性和精確性的基礎。因為區塊鏈可以轉移和監控代表有價物品的不同實體，在審計跟蹤方面可以發揮穩定作用。區塊鏈主要利用共享記錄來跟蹤實體活動，這保證其不受到駭客攻擊以及未授權更改的影響。如果透過 P2P 網路建立了共享的權威資料版本，眾多節點會共同工作以保證資料的完整性。

區塊鏈的共識協議負責檢查活動的有效性以及是否可以添加到區塊鏈上。審核透過後，區塊鏈會將這個權威記錄與其他資訊核對。聯邦資料融合中心非常適合使用這種方法收集反恐情報。

區塊鏈在數位貨幣、財產登記、智慧合約等領域的應用是毋庸置疑的，但是 IDC 該項報告關注了區塊鏈的另外一些特點。

第一個特點是資料權威性。區塊鏈為資料賦予的權威性不僅說明了資料出處，還規定了資料所有權以及最終資料版本的位置。第二個特點是資料精確性。精確性是區塊鏈上資料的關鍵特性，意味著任意對象的資料值紀錄都是正確的，形式與內容都與描述對象一致，可以代表正確的價值。第三個特

點是資料訪問控制。區塊鏈可以分別跟蹤公共和私人資訊，包括資料本身的詳細資訊、資料對應的交易以及擁有資料更新資訊的人。

肖恩・麥卡錫總結說：「我們建議企業和政府機構把區塊鏈解決方案的機遇和價值研究納入第三平台策略，可以透過內部策略文件確定區塊鏈的意義以及應該遵循怎樣的實施路徑」。

目前，已經有政府機構開始測試區塊鏈解決方案的資料保護和權威性管理能力。區塊鏈有希望在大數據領域發揮驗證資料出處和精確性的關鍵作用。

7.3
區塊鏈可解決資料所有權問題

> 所有的參與主體共同創造了大量資料，尤其是在社交軟體上，每一個參與主體得到大數據的所有權了嗎？參與主體能夠掌控自己的大數據嗎？答案是否定的。區塊鏈為解決資料所有權錯配問題提供了可能性。

7.3.1　資料所有權本應由資料生產者享有

同樣，我們每天在網路上產生的資料有多少？人們每天產生的社交、交易資料本應該是完全屬於產生者每一個人的。依據網際網路共享、平等、透明的精神，這種大數據應當是一種「全球性的信用資源」。

自從人類發明了記錄工具，比如文字、紙張和硬碟，資料就在不斷地產生。在以前，人們並不關注資料所有權，因為資料很少會被當作商品參與市場交易（私下或非法付費交易不算）。網際網路的發展使資料的價值越來越

高，資料商品化趨勢明顯，因此資料所有權問題凸顯出來。

作為商品，資料與無形資產的特徵相似，可以無限複製而沒有損耗。而且，資料的所有權、許可使用以及收益和轉讓也都有法律保障。一般認為，無形財產的初始所有權與財產的生成及價值起源相關聯。

比如，文學作品的版權首先屬於創作作品的作家，因為作品之所以產生價值是因為作家付出了勞動。即便素材一樣，不同的作家來創作，作品的內容風格也各不相同。這說明，作品中蘊含了作家的思想人格，所以現代法律將無形財產的初始所有權視作創作果實，肯定了作者的人格和創造性勞動的價值。在這一點上，資料與其他無形財產卻顯得不一樣了。

眾所周知，資料的價值並不是來自記錄者。資料只有準確反映被記錄主體的身分、性格、行為習慣等資訊才具有價值。只有忠實於被記錄主體，準確反映後者的身分性格行為習慣等，才具有價值。不論是使用者的瀏覽記錄、消費者的行為資料，還是公司營運資料，一旦脫離了被記錄的人、事、物，資料便毫無意義與價值。

由此可見，資料的全部價值來自於被記錄主體。因此，根據上述無形財產的一般原理，資料的價值產生與初始所有權統一，那麼資料所有權的歸屬者應當是被記錄主體。這也符合人類的認知。

比如，無論是誰記錄同樣一套資料，資料內容絲毫不會改變。因為就資料的價值來說，誰來記錄或者用什麼工具記錄並沒有什麼關係，重要的是記錄的是誰。當然，資料的採集整理離不開記錄者和記錄工具以及投資人的支援，但是投資和採集整理產生的是次生權利，根本不能動搖資料的初始所有權。

綜上所述，資料從屬於被記錄主體，是資料產生價值的關鍵所在。而記錄者及其工具手段與資料內容的關係則是鬆散可以置換的，而不是資料價值的起源。因此，資料的初始財產權應當屬於被記錄主體。

區塊鏈的誕生保證了資料生產者的資料所有權。對於資料生產者來說，區塊鏈可以記錄並保存有價值的資料資產，而且這將受到全網認可，使得資料來源以及所有權變得透明、可追溯。

一方面，區塊鏈能防止仲介複製使用者資料的情況發生，有利於可信任的資料資產交易環境形成。資料與傳統意義上的商品有很大不同，具有所有權不清晰、可以複製等特徵，這也決定了仲介中心有條件、有能力複製和保存所有流經的資料，這事實上侵犯了資料生產者的資料所有權。這種情況是無法憑藉承諾消除的，也構成了資料流通的巨大障礙。當大數據遇上區塊鏈，資料生產者的資料將得到保護，仲介中心無法複製資料。

另一方面，區塊鏈為資料提供了可追溯路徑。在區塊鏈上，各個區塊上的交易資訊串聯起來就形成了完整的交易明細帳單，每筆交易的來龍去脈非常清晰，如果人們對某個區塊上的資料有疑問，可以回溯歷史交易紀錄判斷該資料是否正確，對該資料的真假進行識別。

當資料在區塊鏈上活躍起來，大數據也將隨之活躍起來。

7.3.2　區塊鏈破除大數據孤島效應

儘管所有的網際網路公司都倡導公開、透明、共享的網際網路精神，但事實上，他們根本不會將手中的大數據與其他公司共享。在當前形勢下，大數據必然是每一個公司的絕對內部資源，不可能進行無邊界的共享，這就出現了「大數據集中」的問題。

在這種情況下，網際網路的發展存在一個悖論，與其初衷大不相同。集中的大數據引起了馬太效應，即富者愈富、窮者愈窮。在大數據孤島的作用下，大數據資源集中在少數人手中，全社會的資料資源不能流動，只有少數的掌控者才能使用這些寶貴的資料資源。作為大數據的生產者，使用者個人根本無法獲得信用資源的主動權，這非常不利於全球市場信用成本的進一步

下降。

區塊鏈與大數據技術的結合有望打破大數據孤島的局面，這主要是因為區塊鏈的實質是一個分散式帳本。基於這個分散式帳本，區塊鏈可以保證投票選舉是公正公平的。因為區塊鏈可以記錄任何交易，而投票選舉也是一定意義上的交易，所以區塊鏈可以記錄下來誰投票給了誰、選舉過程是怎樣的等。根據區塊鏈上的資料，我們可以知道這次投票選舉是否公平、公正。

對於區塊鏈創業公司來說，致力於為企業、產業提供解決方案是沒有問題的，但是解決方案是否能夠真正落地還是一個未知數。可以說，區塊鏈技術當前的發展狀況就相當於 1990 年代的網際網路技術，它對產業發展以及政府、企業運行方式上的改變是一定會發生的。

區塊鏈是一種透過去中心化和去信任的方式集體維護一個可靠資料庫的技術方案，這也注定了區塊鏈與大數據聯繫在一起是必然的。甚至可以說，區塊鏈的誕生是對大數據的重構。

7.3.3　Enigma 計畫助使用者售賣資料

麻省理工學院（MIT）的研究生 Guy Zyskind 研發了一個區塊鏈計畫，並得到了創業家 Oz Nathan 和麻省理工學院著名教授亞歷克斯・彭特蘭（Alex Pentland）的幫助。該計畫名為 Enigma，將會為雲資料共享帶來空前的靈活度 —— 幫助公司分析客戶的資料，並且保證客戶的隱私資訊安全，並在不共享資料的前提下允許貸款申請人提交自動承保資訊。

使用者甚至可以透過 Enigma 計畫在市場上售賣大型運算與統計的加密資料，而且不必擔心資料泄露以及透過網際網路落到未知人手裡。團隊還稱，此計畫會在不久的將來推出一個 beta 測試。

Enigma 計畫團隊在白皮書中寫道：「當隱私安全以及自動控制得以保證，安全措施增加後，使用者可以銷售自己的資料位址。例如，想要尋求臨床試

驗的病人的藥劑公司可以檢索基因資料庫。市場可以為客戶收購消除摩擦，降低成本，並提供新的收入流。」

　　Enigma 計畫使用了安全多方運算密碼技術，資料分往不同的伺服器，因此沒有機器可以提取完整的基本資訊，但是節點仍然可以獲得共同運算資料的授權功能。他們可以在不泄露資訊的情況下將功能傳送到其他節點。團隊在白皮書中指出：「沒有任何團體能夠拿到整體資料，也就是說，任何一個團體都只能獲得毫無意義的一部分資料。」

　　對於公司來說，Enigma 可以用來儲存客戶的行為資料和資訊，利用許可系統讓職員們或合夥人分析大量記錄，而且還沒有資料泄露的風險。銀行也可以根據運算標識貸款承保原則在使用者提供的加密資料基礎上執行自動腳本，而申請者永遠也不會共享他們的財產細節資料。

　　Guy Zyskind 強調：「使用者可以貸款、儲蓄加密貨幣或者購買投資產品，這些都由區塊鏈自動控制，沒有任何公開財產情況的風險。」

7.4
區塊鏈助力大數據預測市場

> 　　大數據能夠預測未來！事物的發展變化都是有規律的，大數據分析可以發現這種規律，洞察先機。比如，電商平台每天產生數億交易額，使用者們透過搜尋尋找自己心儀的產品，而大量使用者搜尋的關鍵詞就被電商平台記錄在了資料庫裡。電商平台透過資料分析，能夠發現當前熱銷產品，預測即將火紅的產品，並根據分析結果針對性的投放廣告，提升轉化率。對於大數據預測市場，區塊鏈能夠發揮什麼作用呢？

7.4.1　Augur 預測市場計畫已眾籌 60 萬美元

大數據應用於預測市場的道理很簡單，而區塊鏈在預測市場方面又存在哪些潛力呢？線上眾籌平台 Augur 洞察先機，首先發現了區塊鏈對大數據調研、分析、諮詢以及預測市場的撼動作用，稱會提供一種類似於普通博彩的服務。

首先，一起看看什麼是預測市場。與股票市場有一些相似之處，比如兩者都支援使用者買賣股票。不同的是，股票市場是對一個公司的未來價值進行投機，而預測市場是透過對未來事件結果的可能性判斷做出購買決定。

例如，一個預測市場可能問「A 會在 2020 年被選為某某國總統嗎？」如果「不會」（No）股票的價格是 0.58 美元，可以理解 A 落選的可能性是 58%。大量的經濟和學術研究發現，當預測市場因為貨幣的參與有了足夠的流動性和交易量時，預測市場就是世界上最精確的預測工具之一。

接下來，我們再來看看什麼是 Augur。Augur 是以太坊平台上的去中心化預測市場平台。任何人都可以使用 Augur 為自己感興趣的話題創建一個預測市場，比如誰會當選美國下一屆總統，並提供初始流動性，這是一個去中心化的過程。作為回報，該預測市場的創建者可以從市場中獲得一半的交易費用。

預測市場的交易流程是這樣的：普通使用者透過自己掌握的資訊進行判斷，並在 Augur 上預測、買賣符合自己判斷的股票，例如，A 不會當選總統。當事件發生以後，如果你預測正確，持有的股票是正確的結果，那麼你的股票每股將會升至 1 美元，而你的收益就是 1 美元與你當初的買入成本之差。如果你預測錯誤、持有的股票是錯誤的結果，那麼你不僅不會獲得獎勵，買入成本還會全部虧損。

Augur 提供的服務是完全去中心化的，其宗旨是「超越體育博彩，開創

新的預測市場」。使用者可以使用這項服務在不同的地點對體育賽事和股票下注，還可以對選舉結果、自然災害等其他的事件下注。

　　與傳統的預測市場相比，Augur 在很多方面都是不同的，而最重要的區別就是 Augur 透過區塊鏈做到了全球化和去中心化。全球任何區域裡的任何人都可以使用 Augur，這為 Augur 帶來了前所未有的流動性、交易量以及傳統交易所無法想像的多種視角和話題。

　　截至 2016 年年初，Augur 完成了面向全球的眾籌，最終籌集到價值超過520 萬美元的比特幣。Augur 將以太坊作為基礎技術，如果最終獲得成功，將會進一步鞏固以太坊在區塊鏈產業中的地位。

　　截至 2017 年年初，Augur 已經正式進入測試階段，並開始向首批使用者開放。據知情人士介紹，Augur 擁有高級前端設計，而且其市場開發形式超越了簡單「是或否」二進制。

　　喬伊・庫克（Joey Krug）是 Augur 的聯合創始人以及核心技術開發人員，他說：「我們會把 Beta 測試版本作為 Augur 正式發布前的疊代測試平台。它包含三個階段：第一階段是功能有限的買賣單系統；第二階段是加入共識機制和事件結果解決的支援機制；最後階段進行正式 REP 測試。」

　　什麼是 REP 呢？ REP 是 Augur 系統發行的代幣。信譽代幣就像比特幣一樣可以分割和交易，是一種與個人的公、私位址相關的「積分」。如果說比特幣與黃金的性質類似，那麼信譽代幣就是信譽的模擬品。

　　Augur 的實踐結果報告機制引入了 REP 代幣，具有去中心化特徵。在傳統的中心化預測市場，中心化的人或組織是事件結果的確定者，而 Augur 採用的去中心化的事件結果報告機制卻不一樣。每當事件發生以後，眾多 REP代幣持有者對事件結果進行報告，而普通使用者無須持有 REP 代幣就可以在Augur 上進行預測、交易。

在 Augur 應用之初，持有 REP 代幣的人每八週就會對系統中隨機選擇的到期事件進行預測結果報告。持有者需要從三個選項裡選擇一個：一是事件發生；二是事件沒有發生；三是模糊不清。如果持有者認為預測結果模糊不清，可以將報告推遲到下一期公布。在事情沒有決議之前，持有者有兩週時間來做報告。Augur 的開發者希望這一過程能夠十分快速地進行，預計等 Augur 普及之後，這一過程有可能在一小時內完成。

在兩週的投票期內，如果 REP 代幣持有者沒有按照規定報告指派給他們的事件結果或者報告不誠實，主成分分析法（PCA）會把這些不負責任的持有者的信譽重新分配給那些經常做報告並且信譽良好的持有者。要想從投票過程中獲得交易費用，REP 代幣持有者必須做到誠實。

7.4.2　普林斯頓大學聚焦比特幣交易預測市場

透過上一小節的學習，我們知道預測市場是一個純粹的投機市場。創建預測市場的唯一目的是做各種商業預測，從業務預測到現實世界裡的天氣以及各種真實發生的事件預測。由電腦科學家 Arvind Narayanan 領導的普林斯頓大學的一組教學人員就正在開發基於比特幣交易的預測市場。

包括 Google、Intel、GE、西門子在內的一些巨頭公司透過不同的預測市場技術獲得競爭優勢，但事實上，金融界一般不鼓勵創建預測市場。預測市場的最大問題是它支援純粹的投機行為，而一些地區的監管機構認為這就是賭博。比如，全球最大的預測市場 Intrade 就因為美國商品期貨交易委員會斷言它是一個賭博的違法方式而被迫關閉。

隨後，Intrade 開始研究一個新版本的市場，並表示不會使用硬幣進行交易。這或許就是由電腦科學家 Arvind Narayanan 領導的普林斯頓團隊正在研究用比特幣代替硬幣進行預測市場交易的原因。由於比特幣不是法定貨幣，受到的管制較少，可以使預測市場受到盡可能少的金融監管。

Arvind Narayanan 表示：「既然我們擁有比特幣這個出色的分散系統，可以讓雙方在沒有中央權威的前提下進行交易，那我們就一定可以讓仲裁事件以某種形式被分散。」

愛爾蘭一家預測市場機構 Predictious 創建於 2013 年 7 月，雖然相對不知名，但僅僅半年內就已經完成了 30 萬美元的業務量。

比特幣開發者邁克‧赫恩警告說，由於比特幣的競爭對手是 PayPal 和信用卡，所以比特幣注將渡過一個艱難時期。但是比特幣很有可能在利基產業立足，包括預測市場。

第8章
區塊鏈在醫療領域的應用

除了金融領域、物聯網領域以外，醫療領域也是區塊鏈技術的重要應用場景。區塊鏈在醫療領域主要有四大應用，分別是區塊鏈電子病歷、DNA 錢包、藥品防偽、蛋白質摺疊。本章詳述區塊鏈在醫療領域的四大應用。

8.1
區塊鏈電子病歷

> 區塊鏈電子病歷是區塊鏈在醫療領域內最主要的應用。區塊鏈電子病歷是利用區塊鏈對個人醫療紀錄進行保存，無論是看病還是做健康規劃，都有了歷史醫療資料可以進行查詢。而且區塊鏈電子病歷的真正掌握者不是某個醫院或第三方機構，而是患者自己。

8.1.1　查詢歷史醫療資料

對患者來說，每一次去新的醫院看病時，都需要重新錄入全部的病例資訊，這對患者來說是一個非常麻煩的事情。如果歷史醫療資料有誤，結果將更加嚴重。比如，之前的病例記錄中血型資訊或過敏資料是不正確的，那麼患者在下一次接受治療時很有可能造成非常嚴重的後果。對醫療機構來說，患者的歷史醫療資料不齊全也不利於對患者的病情做出最精準的判斷。

區塊鏈電子病歷是實現醫療資訊資料共享的最佳解決方案。如果區塊鏈電子病歷得以實施，所有的常見病例、既往病例都有著清晰明確的記錄。醫生給病人制訂診療方案時，可以參考有效、連續的診療記錄，提高治病效率。比如，醫生詢問你對哪些藥物過敏，但是你自己都不知道。如果用區塊鏈系統儲存個人醫療紀錄，這個問題就變得很簡單，醫生只要將你的病歷資料調出來看就知道了。

下面一起來看四家研究區塊鏈電子病歷的公司。Healthnautica 是一個醫療紀錄和服務方案供應商，2000 年成立，總部位於芝加哥。Healthnautica 具有一個可客製化的客戶驅動的雲軟體系統供醫生操作和患者辦理手續，使醫院、醫生和病人之間的溝通更為流暢。

Healthnautica 開發的 eORders 產品在很大程度上提升了手術治療以及程式調整過程，使網路延遲的現象減少，而且還解決了資料莫名丟失的問題。

Healthnautica 的合作方 Factom 是美國著名的區塊鏈公司，專門提供區塊鏈技術服務，利用區塊鏈技術開發各種應用程式，包括醫療資訊記錄、審計系統、投票系統、供應鏈管理、法律應用、財產契據以及金融系統等。

Factom 將維護區塊鏈資料網路視為自己的使命，幫助政府部門以及商業社會簡化資料記錄管理、記錄商業活動，並解決資料記錄安全性和監管性的問題。這在一定程度上降低了管理真實記錄、進行獨立審計以及遵守政府監管條例的成本和難度。

2015 年 4 月，Healthnautica 與 Factom 聯合發表聲明，宣稱將會建立合作，共同研究運用區塊鏈技術保護醫療紀錄以及追蹤帳目，為醫療紀錄公司提供防篡改資料管理。

Healthnautica 的客戶，包括醫院、醫生以及患者都希望透過運用 Factom 的不可變更帳本來對醫療紀錄和合約進行驗證和時間標記，從而提高效率並確保醫療資料記錄的安全性。

Healthnautica 發言人聲稱：「我們非常願意將 Factom 的技術運用到醫療健康產業，我們開發軟體與 Factom 有相同的目的，就是在既保證醫療資料的完整性的同時又保護病人隱私資料。對合作研究記錄防篡改以及保存和資料追蹤，我們雙方都感到十分地興奮。」

Healthnautica 的董事長 Shailesh Bhobe 說：「Factom 的技術特別適合於審計跟蹤以及我們保存的客戶醫療紀錄。」其董事會成員 Andrew Yashchuk 說：「我們的下一步動作是推動保險公司運用區塊鏈技術保存資料，因而各方能夠驗證合約有效性並提升醫療帳單支付效率。」

HealthNautica 與 Factom 的合作是區塊鏈技術在醫療健康領域的第一次

商業化運作，開啟了區塊鏈在醫療資料保護領域的新篇章。

Gem 是一家致力於建構全球醫療保健綜合體並為人們提供更加私人化和性價比更高的服務的區塊鏈企業。Gem Health 是 Gem 旗下一個應用開發網路並且能夠向醫療保健服務商提供網路基礎設施。目前，Gem Health 探索的區塊鏈應用包括：健康網路、藥品供應鏈、醫療資料儲存、理賠、通用健康身分以及基因資料管理等。

2016 年 5 月 11 日，Gem 宣布完成 710 萬美元的 A 輪融資。關於 Gem Health, Gem 的創始人兼 CEOMicah Winkelspecht 說道：「一個連接醫藥健康產業，將所有醫療平台的重要資料連接到一起的新系統將會因為區塊鏈技術的運用而誕生。區塊鏈技術在資料有效性和安全性方面的優勢對於醫療衛生產業來說將會使醫院、保險公司和實驗室能夠即時連接並且即時無縫分享資訊，而無須擔心資訊被泄露或者被篡改。」

Micah Winkelspecht 列舉了一個案例：「區塊鏈將會為資料記錄和身分管理提供一個公開標準。一個全球化的醫療健康區塊鏈能夠將每個病人包含本地醫院和醫生的記錄資訊關聯匹配一個 ID。基於區塊鏈技術的通用醫療健康 ID 能夠減少患者診療過程中的醫療錯誤並保護病人隱私。」

Gem Health 的建立是 Gem 進入醫療健康領域的第一步。目前，Gem 正在建造一個網路基礎設施，研發醫療健康領域更多的物聯網方案，為未來布局。

BitHealth 是一家研發醫療健康資料儲存和保護的區塊鏈技術公司。眾所周知，資料隱私、資料可信度以及資料外泄是醫療健康產業中最關鍵的三個問題。BitHealth 致力於儲存並且在全球內高效安全地傳送醫療健康資料。

如果醫療健康資料在全球內傳送的過程中因為網路故障而丟失，BitHealth 將會使用比特幣區塊鏈技術使其從世界各地任一節點中得到恢復。即便是國際上類似於 BitTorrent 的 P2P 文件分享技術形式，如果出現資料問

題，BitHealth 也可以從本地節點恢複資料。

BitHealth 研發的這項技術還可以運用在更多的場景裡，包括減少保險費用和其他支出、解決資料複製、醫療紀錄分散化等問題。保險公司可以用以調取客戶的醫療歷史記錄，醫生可以用來調取和記錄醫療資訊，患者能夠用來保護個人隱私資料等。

Philips 是全球內醫療健康領域的巨頭。2016 年 3 月，Philips 宣布成立 Philips 區塊鏈實驗室，這是一個在阿姆斯特丹（Amsterdam）的區塊鏈新興技術研究和發展中心。Philips 網站上的聲明稱，他們的區塊鏈計畫已經研究了半年之久，並致力於聯合 IT 專家、醫療保健專家和區塊鏈開發者繼續對這一計畫進行研究。Philips 還表示，他們想要找合作者和開發者共同開展計畫，並且在網站上提供了一個表單供使用者訂閱新聞以及表明他們對此的興趣。

Philips 的意思是他們非常看好區塊鏈技術在醫療健康領域中的應用。Philips 實驗室的創始人 Arno Laeven 也說：「一家創新型公司只有持續探索新科技才有可能影響並且為應用領域帶來價值。我們的目標是研究區塊鏈技術是否能夠開發醫療健康產業中資料互動過程的潛在價值。」

2016 年 6 月初，Philips 對外宣布已經和區塊鏈資料記錄初創公司 Tierion 達成合作，共同研究區塊鏈技術在醫療健康領域中的應用。

作為未來世界的基礎設施，區塊鏈具有廣闊的應用前景，但是不會在短時間內替代現有醫療秩序規則及資訊化系統。為了推動區塊鏈電子病歷應用早日進入人們的生活，區塊鏈專家、IT 專家以及對區塊鏈應用有濃厚興趣的人需要通力協作。

8.1.2　保存個人醫療紀錄

醫療資料是醫療領域非常寶貴的資源，包括病人身分、過往病歷以及醫療支付情況等，但這些都是患者的隱私資料。當前，患者的私密資訊都儲存

於醫療部門的中心化資料庫或者文件櫃裡，而資訊泄露情況時有發生，比如一家美國醫療保險商曾經泄露 8,000 萬病人和僱員記錄，另外一家醫療中心曾經泄露 450 萬病人的私密資料。

由此看來，由醫療部門管理患者的私密資訊已不再是最優選擇。隨著基因資料檢測手段以及指紋資料應用的普及，人們開始擔心一旦醫療部門泄露了患者的資訊，將會導致災難性的後果。

透過區塊鏈電子病歷實現對患者隱私資訊的保密顯得迫在眉睫，也是目前人類找到的儲存資料的最好方法。

另外，病歷資料的品質問題是醫療產業面臨的一大問題。錯誤的資料在很大程度上會導致誤診，而且如果同一份病歷同時被多人編輯還有可能造成電子病歷無法正常更新，還有可能吸引駭客攻擊。因此，現存的醫療資料系統是不可靠的。

例如，同一個病人有多種不同版本的病歷，裡面的資料還有很大差異，而接手的醫生又沒有進行核對的情況下就下了診斷。在這種情況下，病人有可能遭受誤診，引發各種生理、心理、經濟損失等問題。

有了區塊鏈電子病歷以後，上述問題將不復存在。因為區塊鏈電子病歷不在醫生、醫院以及任何第三方手裡進行保存，而同時，所有區塊鏈上的參與者都會共同維護每個人的資訊安全。綜上所述，區塊鏈可以在一定意義上避免醫療衛生產業誤診或者惡意篡改資料的行為。

可以說，區塊鏈技術是一個集資料庫、開放性、安全性等功能為一體的創新技術，可以解決現存醫療資料系統存在的問題。作為有著嚴密組織架構的授權帳本，區塊鏈能夠即時核實和記錄所有交易。這種運作模式將會顛覆當前醫療衛生產業的資訊處理方式。區塊鏈上的每個參與者都可以保留記錄，而所有參與者的資訊都是一致的，這就避免了有人惡意篡改系統資訊，使區塊鏈上的資料更加安全。

　　下面我們看一下基於區塊鏈技術的電子病歷系統的工作原理。當患者到醫院就診時，醫院會將患者的就診資訊上傳到區塊鏈上，給患者的病歷資訊扣上時間戳然後進行加密。這樣一來，患者的病例資料就被儲存在區塊鏈分散式帳本中，不能被隨意篡改。另外，患者自己持有區塊鏈電子病歷的金鑰，任何人都不能隨意查看，提高了病例資料的保密性。

　　建立區塊鏈電子病歷系統，在患者允許的情況下，每一個醫療機構都會查看到患者相同的病例資訊。

　　區塊鏈透過一致性演算法確保了病歷資料被記錄的準確性。比如，如果其中一條醫療資訊記錄患者的血型是 B 型，但是其他醫療機構對相同患者的血型紀錄是 A 型，那麼患者血型為 B 型的資訊將不會被記錄在區塊鏈中，並且將會在系統中提示資訊不匹配。這種方式可以保護患者的醫療病歷資訊，使患者免去了每次去新的醫療機構就診時都要重新記錄病例資料的麻煩。

　　區塊鏈電子病歷還沒有全面推廣開來，還有一些問題需要解決。儘管我們還不確定區塊鏈電子病歷系統最終會是什麼樣子，但有一點是非常肯定的，那就是它離不開區塊鏈技術。

8.2
DNA 錢包

> 　　區塊鏈技術在資料儲存方面的應用將會形成一個 DNA 錢包，使基因和醫療資料只能透過使用私人祕鑰來獲得。這使醫療健康服務商能夠安全地儲存、統計和分享患者資料，幫助醫藥企業高效地研發藥物。這種模式的建立對患者與藥企來說都是有利的。

8.2.1　利用區塊鏈進行基因儲存

當個人基因排序成為一種主流之時，全球 70 多億的人們需要一個安全的方法來儲存基因。個人基因的變化普遍低於 1%，理論上可以被壓縮到 4 字節。人類基因大致有 30 億鹼基對，將其儲存在比特裡是不現實的。

另外，儲存基因資料的目的是做染色體研究，而不是在長資料流裡無法處理。基於幾個變量，個人染色體的資料可以從 50M 變到 300M。簡單來說，假設儲存一個人的基因資料需要花 600 億字節（3 億鹼基對 ×2）來儲存，可以用 GARLI 技術來壓縮這些資料。當時，這些資料被壓縮後會在哪裡，又如何訪問這些技術呢？這些都是基因儲存的難點。

成立於 2014 年的 DNA.bits 高科技技術公司主要解決了繪製大量臨床資料集的挑戰。DNA.Bits 致力於區塊鏈密碼學的研究，希望找到一種安全可靠並且匿名的方式來解決資料追蹤、標籤化、大數據、基因資料分享、健康資料互動引用以及相關的醫療資料問題。DNA.bits 使用比特幣平台，能夠在不建立中央資料庫的基礎上聚集不同資料源的資料。

DNA.Bits 認為：「人們對基因、健康以及疾病相互作用的理解與未來的藥學、藥理學以及預防醫學方面的突破密切相關。因為每個人的基因組以及生活方式都不同，這就導致相同的治療方案在不同的人身上的影響也不同。」

如果 DNA.Bits 成功研發出利用比特幣區塊鏈科技來儲存基因和醫療病歷檔案的解決方案，研究人員將可以方便快捷地搜尋到基因資訊，而且還不侵犯 DNA 錢包的隱私性和個人匿名性。

DNA.Bits 的 CEO Dror Sam Brama 描述了公司的目標：「保護病人的隱私，讓病人可以搜尋、控制其個人醫療紀錄和基因資料，同時讓全人類的基因資料實現人類共享。」

如果 DNA.Bits 的目標達成，醫院依然可以使用病例資料，然後據此完善醫療保健制度，同時，製藥公司還能夠根據這些資訊做更有效的藥，幫助病人治病。

根據 DNA.Bits 的設想，患者的個人醫療紀錄和基因資料都會被保存在區塊鏈的側鏈上。當需要產生交易的時候，資料就會被行動到比特幣區塊鏈上。

在此基礎上，DNA.Bits 將透過授權各個平台掌握資料獲得售前盈收，也可以收取各個平台交易合約金額所得利潤的一部分。而造市者可以憑藉將媒體資料持有者、基因資料持有者、衛生組織和消費者連接到一起而獲得收入。

對 DNA.Bits 來說，基因持有者、資料的持有者以及任何進行基因相關研究的人都是公司潛在客戶，包括基因公司、製藥公司、科學研究所、政府公共衛生部門等。

截至 2017 年，全球製藥市場的價值已經達到 10 萬億元。在美國，生物工程產品製藥已經達到 20% 以上，而遺傳醫學市場的價值空間以每年 18% 的速度不斷擴大。由此可見，製藥產業對患者基因和醫療紀錄資料的需求是非常大的。

DNA.Bits 做的就是在尊重患者隱私的前提下為這些資料的需求者建構一個系統。利用區塊鏈進行基因儲存可以說是最佳的解決方案，但是還需要將這一應用落實。

8.2.2　私人金鑰唯一識別

耶路撒冷遺傳學和協會中心的 Smadar Horowitz-Cederboim 稱：「對照檢索不斷變化的醫療和基因記錄並且保護患者的個人身分不被泄露，這在個體化用藥以及遺傳諮詢領域裡都將成為產業顛覆者。」

Shaare Zedek 遺傳學協會的 Efrat Levy-Lahad 醫生稱，在以色列，每年死於乳腺癌的女性有 1,000 多名。以色列需要一個保護患者隱私的 DNA 篩選和分析計畫降低乳腺癌患者的死亡率。一旦成功，以色列每年將有 200 多名的乳腺癌患者可免於死亡。

以色列乳腺癌的案例可以推及全球任何一種疾病，但是 DNA 篩選和分析計畫當前面臨的主要問題是隱私問題。作為一名患者，無論是政府機構、醫院、製藥公司、保險公司、醫療保健公司，還是任何非營利性機構，都是無法付諸信任的，更不會放心地把隱私交給他們。

區塊鏈技術解決了信任難題，患者不需要相信任何機構和個人，因為保存在區塊鏈上的資訊資料是私人金鑰唯一識別的。只要患者不允許，沒有人知道患者的真實身分資訊。上一小節提到的 DNA.Bits 公司就正在致力於這一方面的研究。

可以說，區塊鏈 DNA 錢包的應用對醫療領域的意義重大，將會在一定程度上降低人類的死亡率。我們期待區塊鏈 DNA 錢包應用真正落地的那一天，就算我們等不到，我們的子孫後代也終將因此獲利。

8.3
藥品防偽

藥品防偽不僅是區塊鏈在醫療領域的應用，也是區塊鏈在供應鏈溯領域的應用場景。與編碼防偽技術相似，對於運用區塊鏈技術防偽的藥品來說，在藥品包裝盒表面有一個刮層，底下是一個特別的驗證標籤，驗證標籤可以與區塊鏈相互對照來確保藥品的合法性。

8.3.1　利用區塊鏈「監視」供應鏈

藥品假冒屬於供應鏈上出現的問題。供應鏈概念最初是一個具有很大革命性的想法，因為供應鏈增強了產品轉移路徑的可見性和控制性。但隨著當前產品生產和供應出現極端零碎化、複雜化以及地理分散化的特徵，供應鏈過程的不透明性及缺陷性增加，加大了管理難度。作為一種分散式帳本技術，區塊鏈能增強各產業透明度和安全性的特徵有望解決供應鏈出現的一系列問題。

區塊鏈公開記帳的方式使得產品追蹤上溯到所用原材料階段成為可能。在區塊鏈上，記帳權不歸任何一個人所有，也杜絕了按照個人利益操控資料的可能性。另外，區塊鏈的非對稱加密技術可以保證資料的安全性。

目前，正在研究利用區塊鏈技術改善供應鏈管理的公司非常多，包括IBM、Provenance、BlockVerify、唯鏈（VeChain）等。

IBM 推出了一項利用區塊鏈追蹤高價值商品的服務，客戶只需要在安全雲端環境下就能完成產品真假測試。區塊鏈初創公司 Everledger 正在使用該項服務，試圖利用該項服務推動鑽石供應鏈實現透明度，增強非洲市場的規範性。

Provenance 是一家位於倫敦的區塊鏈初創公司，主要研究能夠幫助品牌商追蹤產品材料、原料和產品起源並向消費者提供實物產品相關資訊的網路平台。Provenance 的做法是在供應鏈系統中部署基於比特幣和以太坊的區塊鏈系統，增強供應鏈的透明度，創立信任感。

Block Verify 也是一家位於倫敦的區塊鏈初創公司，主要研究基於區塊鏈技術的防偽方案，提供包括真偽驗證以及幫助專家驗證產品真偽在內的服務。區塊鏈的公開透明使得產品無須品牌的信任支撐就能保證正品，而且公司還能夠利用區塊鏈技術創造登記他們的產品並監視供應鏈。

Block Verify 的真偽驗證服務可以鑑別出來的產品有調換品、偽造品、被偷產品、虛假交易等。在醫藥產業中，Block Verify 的區塊鏈技術能夠透過供應鏈追蹤確保消費者收到的是正品。

BlockVerify 希望透過研究區塊鏈防偽方案打擊產品假冒現象，尤其是藥品假冒問題，最終消除因為假冒藥品為社會帶來的巨大經濟損失以及每年幾十萬人的枉死案例。

唯鏈（VeChain）是基於區塊鏈的防偽平台，最先從奢侈品流通溯源入手。上海區塊鏈創業公司 BitSE 是唯鏈的母公司。BitSE 成立於 2013 年，最初做的是比特幣挖礦晶片、挖礦服務、礦池、區塊瀏覽器等業務，隨後又開始研究區塊鏈在股權眾籌、遊戲、物聯網領域的應用。2016 年 1 月，BitSE 推出唯鏈計畫。

2016 年 5 月，唯鏈發布首款區塊鏈 NFC 防偽晶片和行動端應用。唯鏈的防偽方案是在每個產品裡放置一個 NFC 晶片，將其唯一 ID 資訊寫入區塊鏈，從生產、物流、門市、消費者到海關都能共同維護紀錄資訊。透過唯鏈的應用平台，消費者可以直接查看所購買商品的上游資訊，並能寫入自己的資料。這種方式還可以加強品牌方與消費者的聯繫。2016 年 1 月，唯鏈完成了數百萬元的種子輪融資。

在未來，消費者驗證藥物的真實性就像掃描產品包裝盒上的 QR code 一樣簡單。因為區塊鏈給每個產品賦予了獨一無二的身分，在供應鏈上的所有權變化都會被記錄下來，每個人都很容易進行訪問。

8.3.2　輕鬆識別假冒藥品

將區塊鏈用於藥品供應鏈後，我們就可以做到輕鬆識別假冒藥品。由 Linux 基金會領導的超級帳本計畫就正在進行相關研究，試圖透過區塊鏈技術識別假冒藥品，以對抗全球泛濫的假冒藥品問題。

　　超級帳本計畫（Hyperledger Project）的成立時間是 2015 年 12 月，目的是建立一種透明、共享、去中心化的分散式帳本技術。超級帳本計畫的成員跨越了金融與科技領域，包括 IBM、埃森哲、Intel、思科、JP 摩根、富國銀行、芝商所等。

　　2016 年 4 月 20 日，超級帳本計畫召開了工作組會議。在會議上，作為超級帳本成員的全球專業服務公司埃森哲諮詢的代表 Primrose Mbanefo 透露，超級帳本計畫研究的用於識別假冒藥品的區塊鏈計畫將會透過不可變更資料來追蹤藥品，最終不僅會使這個產業變得更加高效，還會增強製藥公司的問責能力。

　　Primrose Mbanefo 是連接設備軟體主管，在埃森哲諮詢的物聯網業務發展團隊工作，還協助公司創造了一些概念證明。Primrose Mbanefo 說：「只要我們能夠拿到區塊鏈上的資料，證明文件沒有被竄改過，我們就可以說所檢驗的藥品確實來自它所聲明的地方，而不是假冒的。」

　　在該工作組會議上，如何精確定義製藥產業內的假冒行為成為討論焦點。Primrose Mbanefo 認為，藥品假冒行為不僅包括「流氓」製造商，還包括生產的藥品有效成分不達標甚至不含有效成分的知名企業。

　　在貿易流通順暢的市場環境裡，利用區塊鏈區分假冒藥品的想法是非常惹人關注的。在英國，2015 年 6 月開展了一次打擊假冒藥品的行動，被沒收的假冒藥品共計 5,160 萬歐元。

　　利用區塊鏈控製藥品假冒問題是超級帳本計畫研究的區塊鏈供應鏈應用案例之一。在供應鏈方面，區塊鏈另外的應用場景還有很多，包括追蹤產品的生產和組裝、評估商品的運輸和銷售、確認商品標籤的真實性等。

　　2016 年 10 月，超級帳本計畫新添了 10 名新成員，其據悉，新加入超級帳本計畫的公司包括恆生電子、趣鏈科技、深圳前海招股金融服務有限公司和深圳新國都技術股份有限公司，還有印度國家證券交易所、Nokia、俄羅斯

聯邦儲蓄銀行、Murphy&McGonigle、theLOOPInc 和 PC。

截至 2016 年年底，超級帳本計畫的成員數達到 95 家。

8.4
蛋白質摺疊

研究蛋白質摺疊的意義在於揭示生命體內的第二套遺傳密碼。由於蛋白質摺疊的速度非常快，過程難以捕捉，史丹佛大學的教授們曾經使用成本高昂的超級電腦來模擬這一過程。這種方式不僅成本高，而且還存在單點故障。區塊鏈技術的運用使他們可以選擇借助一個巨大的分散式網路來進行高速運算。很多使用成本高昂的超級電腦的企業都開始關注起區塊鏈在這方面的應用。

8.4.1　排除電腦運算的單點故障

截至 2017 年上半年，還沒有公司開始研究區塊鏈在蛋白質摺疊方面的計畫應用，相關理論也尚未完善。因此，我們先了解一下當前的蛋白質摺疊研究情況。

Folding@home 是一個由史丹佛大學化學系的潘德小組主持的研究蛋白質摺疊的分散式運算工程，在 2000 年 10 月 1 日正式啟動。Folding@home 是 2007 年金氏世界紀錄承認的世界上最大的分散式運算計畫。

Folding@home 旨在透過模擬蛋白質摺疊過程了解多種疾病的起因和發展，包括瘋牛症（牛海綿狀腦病）、阿茲海默症、多種癌症和癌症相關症候群等。Folding@home 已經成功模擬 5 ～ 10 微秒的摺疊過程，是之前預計的可

模擬時段的數百萬倍。

截至 2013 年年底，參與計畫並且提交成果的人超過一百萬，運算能力總和達到了全球超級電腦前十名的水準。

Folding@home 客戶端使用了經過修改的 TINKER、GROMACS、AMBER 及 CPMD 四種分子模擬程式進行運算，並且還能不斷優化，加快運算速度。

由於 Folding@home 計畫的運算原理是高密度分子動力學，所以在 CPU、GPU 等硬體方面的資源消耗非常大。另外，受到運算分子之間長程力的影響，Folding@home 計畫運算代碼中代碼條件分支也非常常見，對 GPU 著色器靈活度有著很高的要求。Folding@home 計畫的 GPU 使用量也比較大。

Folding@home 計畫對 GPU 最大的考驗是流處理器的運算自由度，這就使 GPU 必須擁有更強大的調度能力和緩存體系。

作為一個分散式運算的計畫，世界各地的人們下載並運行 Folding@home 客戶端，大家組合在一起構成了世界上最大的「超級電腦」。每一台參與的電腦都使該計畫距離成功更進一步，讓人類距離重大疾病的攻克進程不斷推進。

然而，對於 Folding@home 計畫來說，構成「超級電腦」的每一台電腦節點也為運算結果的準確性帶來了風險。只要發生單點故障，Folding@ home 計畫就會運算出錯誤結果，而且沒有人知曉。

如此一來，利用區塊鏈技術代替「超級電腦」進行運算可以排除電腦運算的單點故障，值得區塊鏈創業公司進行相關研究。

8.4.2　分散式運算超過電腦

透過上一小節對 Folding@home 計畫的講解，我們知道模擬蛋白質摺疊過程需要非常大的算力。但是更多的時候，各種電腦都處於閒置狀態，儘管

人類對運算資源的需求量成長迅速。那麼，我們怎樣才能更加合理高效地利用閒置浪費的算力資源呢？區塊鏈技術可以搭建一個分散式網路，解決這一難題。

分散式雲端運算平台 iEx.ec 聯合創始人 Gilles Fedak 說：「為了運行大型應用和程式，處理大量資料，各行各業和科學社區需要的算力越來越多」。尤其是產品模擬、深度學習、3D 渲染等領域對算力資源和高性能運算的需求不斷增加。

IBM 負責區塊鏈技術的副總裁科莫（Jerry Cuomo）說：「壓縮時間是超級電腦最大的障礙。而我們對業務流程的完成速度要求越來越高，因此對算力的需求也呈指數級成長」。

物聯網分散式帳本 IOTA 創始人 David Sonstebo 也認為實現即時運算和克服現有雲端運算模式延遲的問題非常重要，他說：「總體來說，運算的最大問題在於生成資料的設備與分析資料的資料中心距離太遠」。

SETI@home 運算資源共享平台已經存在很多年了，事實證明透過中央服務商進行任務分配和管理根本無法從根本上解決問題。比如，物聯網領域的中心化雲端運算就不是一個好的解決方案。

在網際網路的中心化雲端運算系統中，邊緣雲設備會不斷生成資料，而資料處理面臨著網路擁擠、訊號衝突、往返延遲、地理距離等挑戰。有時候，中心化架構可能會直接拒絕一些軟體的產品線，比如分散式應用（DAPP），這就導致霧端運算、分散式人工智慧、平行流資料處理等無法實現。

David Sonstebo 說：「不斷發展的物聯網對分散式運算有絕對需求，設備只有互相進行即時運算資源交易才能分散運算壓力」。

中心化模式的另一個問題是無法實現資源共享。分散式運算平台 Golem

的創始人表示：「縱觀虛擬化技術近一二十年的發展就可以知道，在資料中心或者個人電腦中搭建任何環境都是比較簡單的，但要真正實現出租硬體還是很困難的。由於將不同供應商的設備進行對比是一個複雜過程，找到最契合任務的解決方案將會花費很多時間和專業性」。

Monax 的 CTO（首席技術長）普雷斯頓·拜恩（Preston Byrne）認為，確定參與者已經執行了任務或者保證算力提供者了解了交換價值是支付方面的主要問題。與受信任的機構合作時，這些問題可以很好地得到解決，但如果是硬體和算力參差不齊的節點，那情況就複雜了。

區塊鏈如果能解決以上所有難題，利用區塊鏈技術建構的分散式電腦網路就可以實現共享經濟，讓所有擁有電腦的人可以出租空閒算力，獲得額外收入。另外，區塊鏈和分散式帳本的 P2P 特性還能幫助提供算力的設備拉近與資料來源的距離，避免與雲端設備之間的往返延遲。

普雷斯頓·拜恩稱：「儘管區塊鏈本身不是一個運算平台，但是可以建構出一個連接運算時間的買賣雙方的市場應用，使其利用數位貨幣進行支付，不需要任何中間商」。

IOTA 已經在 Tangle 基礎上開發了分散式帳本，這個可擴展設計消除了區塊，改用有向非循環圖（DAG），有助於減少交易時間和費用，是 M2M 環境下分散式算力按需交易模式的核心。

公司社區服務辦公室的 Julien Béranger 說：「iEx.ec 採用以太坊區塊鏈搭建了另一個分散式運算平台，這個市場網路平台不僅提供應用和資料，還提供高性能運算。也就是說，任何人都可以透過區塊鏈智慧合約提供算力」。

該分散式運算平台利用 Desktop Grid 或 Volunteer Computing 收集世界上閒置的算力，執行大型並行應用。最重要的是，該運算平台的成本遠遠低於傳統超級電腦的費用成本。

區塊鏈使分散式運算的算力大大提高，對此，Gilles Fedak 表示：「在中心化雲端運算模式下，資料中心通常在偏遠地區。而區塊鏈支援去中心化基礎設施，可以拉近資料和資料提供者和消費者的距離」。

可以想像，人類未來對算力的需求將會繼續增加，而當前的雲端伺服器還不確定是否可以透過升級滿足人類對算力資源、成本和速度的需求。值得慶幸的是，區塊鏈給我們帶來了傳統技術沒有實現的可能性。一旦區塊鏈成功運用於分散式運算，更多的計畫將會誕生，代替 Folding@home 計畫研究蛋白質摺疊。

第 9 章
區塊鏈在教育領域的應用

區塊鏈當前主要的應用場景是金融領域，在非金融業，區塊鏈也迅速發展，並受到了重視。這些領域包括上面幾章提到的物聯網、大數據、醫療等。本章則是大家一起了解區塊鏈在教育領域的探索以及應用。

9.1
教育資料儲存與分享

> 　　區塊鏈的本質是一個分散式帳本，所以區塊鏈在任何領域的應用都與資料儲存有關。毫無疑問，區塊鏈在教育領域的第一個應用就是儲存與分享教育資料。

9.1.1　區塊鏈儲存教育資料

　　在社會發展中，教育是最基礎的工程，是培養年輕力量的根據地。資訊時代的到來改變了教育產業，使教育設備、教育系統以及教育環境等紛紛融入了資訊化元素，但是也給資料安全帶來了威脅。

　　在教育資訊化的大環境下，大部分原來儲存於紙上的資料轉移到了硬碟和網路上，包括學籍檔案、成績管理、教職員薪水訊、學術文獻資料等。小到院校級別的各種數位教學平台，大至國家級的教育資源和管理公共服務平台，都儲存了教育領域的大量知識和使用者資料。

　　教育領域產生的資料是大量的。如果可以有效利用這些資料資訊，對於指導教學、實現對教學資源的科學管理有重大意義。而且，越高等級的教育機構所產生的資料資訊價值越高，機密性也相應更高。因此，教育領域的資料安全問題是一個重大問題，尤其是主張自由開放的學校網路，經常被駭客鎖定為目標。

　　另外，因為內部監控疏漏或者內部人員故意泄露、合作機構因為擁有一定權限藉此侵占資訊等導致的資訊資料泄露也極大地威脅到了資料儲存安全。因此，教育機構應當承擔起保護教師、學生資訊以及學術資料資料安全的責任，預見並防止資料誤用、泄漏或盜竊。

　　在各個群體中，學生資訊是最沒有安全保障的。一些轉賣使用者資料的人甚至對外聲稱，只要是大家聽過的學校，包括大學、中學、小學等，學生的資料他們都有。這些人轉賣的大學學生資料包含了學生專業、姓名、學號、性別、年齡、身高、體重、聯繫方式等，可謂是一應俱全。此外，他們還表示可以拿到「全國中小學生學籍資訊管理系統」中的資料，包括學生姓名、學籍號、學校、入學方式、住址、家庭成員等。

　　一位教育資訊化資深人士表示：「學生資料分別存放在各個不同的平台，包括學校、招生辦、教育機構等，多樣的資料儲存通路使得接觸資料人員數量增加，這在很大程度上放大了內部人員洩露資訊的風險。」

　　區塊鏈為教育領域的資料儲存安全問題提出了最根本的解決方案。一些教育機構開始尋求區塊鏈的幫助，研發基於區塊鏈技術的教育資訊儲存系統。

　　區塊鏈是一個去中心化的分散式帳本，它可以將教育資訊儲存在由全球數以億計節點構成的網路系統中，保證了資訊安全。這種教育資料儲存方案不僅成本低，而且無法輕易篡改，安全性極高。

　　美國舊金山的霍伯頓大學軟體工程學院已經開始嘗試將區塊鏈用於教育資料儲存。在 2015 年 10 月，該學院對外宣布，從 2017 年開始，學院將會以區塊鏈的形式完成有關學業證書的記錄，誰都無法造假。

　　霍伯頓大學的聯合創始人 Sylvain Kalache 在一封郵件中寫道：「對於企業應徵來說，主管人以後不需要花費大量時間和精力去核實畢業生的教育背景是否屬實，因為區塊鏈儲存了這些資料而且絕對不是造假的。」

　　當區塊鏈用於教育資料儲存，教育機構在資料儲存方面的花費將會大大減少，因為他們不再需要花錢建立自己的資料庫。

9.1.2　透過加密可與第三方分享

教育資料儲存安全是資訊教育領域的首要問題，其次就是資料共享。每個地區的教學素材大多不同，一個學校的不同教師採用的教學方法也都是獨特的。如果你去書店轉一圈，你會發現各地區不同教學內容的書籍。即便不考慮學生的選擇問題，就連教師在教學過程中向學生推薦的參考資料也都是不同的。另外，不同的老師使用的教學課件也不一樣，這在一定程度上造成了資源浪費。

如何才能透過一個有可靠保障的檢索和共享實現教育資源共享呢？區塊鏈便是有效解決教育資源共享問題的技術方案。

教育資源共享的基礎是透過區塊鏈對教育資源資料進行分散式儲存。教師擔任了節點的角色，可以在區塊鏈上發布自己的相關教學應用課件、多媒體課程。與此同時，資料經過多個節點認證後儲存於網路上，每條資訊有獨立的時間戳證明驗證，保證了資料所有權屬於發布者。

另外，學生資料也可以透過區塊鏈技術實現安全共享，這些資料包括教育經歷、工作經歷、線上學習工具、課外活動等。對於教育機構來說，資料共享有利於更合理地設計課程、完善學分制度、評估學生群體的資質。

資料共享在出國留學方面也有重要應用。由於資訊不對稱，在國內很難找到國外教育機構的任何資料，包括學校環境、師資力量、教學水準等。一旦區塊鏈應用於教育領域，建構一個資料安全共享的公共資訊平台就不在話下。如此一來，任何人、任何機構、任何時間都可以查詢所需的資訊，而且無法對資訊進行破壞。

基於區塊鏈技術的 DECENT 內容分發平台就致力於將以上應用變為現實。作為一個獨立開源平台，DECENT 允許任何人在 DECENT 協議之上建構應用。

截至 2017 年年初，DECENT 已經建構完成了可以正常運行的全球網路。接下來的工作就是與區塊鏈對接以及進行頂層建設。DECENT 將大學作為首要突破口，並以此為基礎建立整個生態鏈，形成良好的口碑效應，其他教育機構隨之被吸引來。下面是 DECENT 的規劃。

- **初期**：邀請知名教育機構、實驗室加入，建設基本資料庫，目標是保證網路的基礎運行，增強其穩定性。這一過程需要 1 ～ 2 家教育機構進行實驗，將完善學籍資訊管理作為突破口，建設人才資訊庫。
- **中期**：不斷擴大資訊收集範圍，包括教育機構資訊、人才資訊、學術論文、實驗室等相關資訊。這一階段的目標是形成高等教育聯盟體系，建設以高校機構聯盟的團體形式來主導，具體公司方式來營運的區塊鏈系統。
- **後期**：將區塊鏈系統由高等教育擴散至中小學教育系統，整合教育資源。

DECENT 的商業模式是透過資訊儲存、查詢、會員制以及教育資源資料的獲取收費。在系統運行初期，網路會產生一定數量的代幣，會員需要購買代幣來支付查詢，儲存、下載、查看等費用。另外，任何個人或機構也可以透過發布作品、課件、實驗計畫以及教育資源等獲得代幣。在這一系統裡，參與者都將會獲得相應的收入或者價值。

資料共享對教育領域的變革之大是我們難以想像的，期待這一天的到來。

9.1.3　SONY 全球教育藉區塊鏈實現資料加密傳輸

2016 年 2 月，SONY 全球教育公司對外宣布一項區塊鏈服務計畫。學生可以據此轉移自己的資料，比如將大學裡的成績單發送給用人單位的老闆。這一服務計劃意味著 SONY 全球教育已經在教育領域基於區塊鏈技術研發出了開放式的安全的學業成績和進步記錄共享技術。

近年來，區塊鏈技術逐漸表現得光芒四射，展現出了巨大的潛力。區塊

鏈可以讓使用者在網路上自由、安全地傳輸資料，而且不需要第三方仲介的參與。在這種方式下，任何人都不可能破壞程式或者篡改資料，除非他能夠控制全網 50% 以上的算力。

　　SONY 全球教育公司開發的區塊鏈服務計劃實質上是一種資料加密傳輸技術，利用該技術可以在網路上共享記錄，創建一個全新的、安全的基礎設施系統，為教育資料儲存打開新的大門。例如，你參加了一次考試，取得了非常好的考試成績，那麼你就可以直接將測試結果分享給其他評估機構。

　　個人評估的方式隨著教育範式的發展變化而逐漸多樣化，在這種趨勢下，不同的評估機構會因為評估方式和評估方法的不同而得到不同的個人測試結果。於是，SONY 全球教育研發出基於區塊鏈的資料處理方式。在未來，各個評估機構可以獲得相同的個人測試記錄，然後對其進行評估。

　　而且一旦這一基礎設施成功建立，其開放、安全的特徵將會吸引越來越多的教育機構加入到該系統中。如此一來，各個評估機構對測試結果的評估結果將培養起高信譽度。最後，SONY 全球教育建立的基礎設施系統將會成為一種開放資料交易協議，從而延伸到教育領域以外更廣泛的產業，包括醫療產業、環境服務，甚至是能源領域。

　　為網路社會建立起全新的教育基礎設施，這就是 SONY 全球教育的使命。SONY 全球教育認為，區塊鏈是一種極具潛力的核心技術，在未來，區塊鏈將會塑造出全新的教育景觀。

　　另外，SONY 全球教育還發起了一個世界級測試 —— 數學挑戰賽。該測試主要考驗的是參與者的運算能力以及創造性思維能力。參賽者來自全球 80 多個國家，人數達到 15 萬名之多。

　　在這場比賽裡，參與者回答問題的正確與否不是最終得分的唯一決定因素，整體的測試表現也會影響最終得分，包括回答時間、心態等。而最終的得分則體現了參與者能力的高低。

SONY 全球教育能否成功研發出基於區塊鏈技術的教育基礎設施都將在 2017 年見分曉。到時候，SONY 全球教育將會把新的教育基礎設施整合到他們自己的服務產品當中，而全球數學挑戰賽就是第一個實驗。

9.2
區塊鏈教育證書檢驗系統

> 在教育領域，很多大學都開設了數位貨幣課程，比較知名的包括史丹佛大學、普林斯頓大學、麻省理工學院、清華大學等。有些學校還建立了區塊鏈教育證書檢驗系統，以此確保教育證書的真實性。就像醫療領域用區塊鏈識別假冒藥品一樣，這是一種新的發展趨勢。

9.2.1　偽造文憑已不再有效

對學生來說，在大學裡獲得的各種證書以及大學檔案對於未來就業有著深遠影響。但是，由於大學校園裡的學生們來自各地，在大學學習期間獲得的證書不一樣，畢業後又前往不同的公司工作，只要任何一個環節出錯，都有可能導致資訊錯誤、檔案丟失、資訊偽造等問題。

有一些區塊鏈創業公司開始利用區塊鏈技術進行學歷證書認證，這可以解決偽造文憑的問題。如果更多的學校接受利用區塊鏈技術辨別學歷證書、成績單和文憑認證，偽造文憑等相關欺詐問題將會更容易得到解決，而且還能節約人工檢查以及文檔工作的時間和成本。

目前，大多數證書管理系統的運行都比較緩慢、複雜，而且不可靠，因此，我們需要為證書創建一個數位基礎設施解決這些問題。區塊鏈技術使當

前創建一個證書認證基礎設施成為可能。這一設施將會幫助用人單位驗證員工的學位證書書是否是學校頒發的。

2015 年年初，美國麻省理工學院媒體實驗室開始研究數位證書，試圖為包括學生在內的更廣泛的社會群體簽發數位證書。證書的本質是一種訊號，其含義可能是某人是某機構的成員或者更多。如果你擁有清華大學的學位證書書，那麼就代表你畢業於清華大學，它將會幫助你找到你想要的工作。

這是一件振奮人心的事情，因為它不僅是最優的證書處理方式，還是可以帶領讓我們思考未來證書模式的一個機會。區塊鏈提供了一種技術基礎，可以讓我們儲存和管理這些證書。

那麼，數位證書的工作原理是什麼？數位證書的頒發與驗證原理是比較簡單的：

首先，創建一個數位文件，這個文件裡包含收件人的姓名、發行方的名字、發行日期等基本資訊；然後使用一個只有發行人能夠訪問的金鑰，對證書內容進行簽名，並為證書本身追加該簽名。其次，系統會透過雜湊演算法驗證該證書內容沒有被人篡改；最後，發行人使用金鑰在比特幣區塊鏈上創建一個紀錄，表明在什麼時候為誰頒發了什麼證書。數位證書系統可以驗證發行人、收件人以及證書本身的內容。

可想而知，當數位證書被研發出來，應用於教育領域，偽造文憑將沒有立足之地。

9.2.2　學校網站儲存資料三大弊端

你或許還不知道，你的學位證書、畢業證書很有可能被他人「複製」。

首先了解一下什麼是複製學歷。複製學歷就是找一個跟你同名同姓的畢業生，複製與其一樣的學位證書、畢業證書。也就是說，不上大學也能拿到

大學學歷。

按照知情人士的說法，複製學歷分為三個環節。第一步是查詢同名同姓的畢業生，從中挑選合適的對象；第二步是透過解碼獲得包括畢業證書編號在內的全部資訊；第三步是製作畢業證書、學位證書和學籍檔案。

當前公司人力資源檢測求職者學歷的真偽只有一個方法，即從學信網查詢姓名和證書編號。如果查不到相關資訊或者查到的資訊與求職者不同，那麼說明求職者的學歷是假的。如果查詢到的證書缺少身分證、照片等資訊，實際上也無法確定求職者學歷真假。複製學歷就是據此矇騙過眾多公司的。

儘管如此，偽造學歷、學位證書明的行為依然難以杜絕。資訊網之所以會出現漏洞被不法分子利用，根本原因在於它是一個中心化的資訊管理系統，其弊端有三個，內容如圖 9-1 所示。

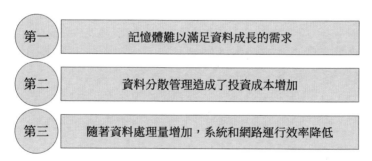

圖 9-1 作為中心化資訊管理系統的三個弊端

第一個弊端是記憶體難以滿足資料成長的需求。大學在校園建設過程中積累了大量的資訊資料，這些資訊資料存放於各自的獨立伺服器內置硬碟或直連儲存（DAS）空間裡。相互獨立的應用系統構成了典型的分散式架構。在校園網路中，伺服器上的儲存設備透過 SCSI 等總線技術與操作系統緊密整合在一起。單個伺服器的每一個 SCSI 通路上最多可以連接 15 個設備，而一台文件伺服器對應一台磁碟陣列。

SCSI 的總線結構使直連儲存難以大範圍擴展。要想增加記憶體容量，就只能不斷增加資料伺服器的數量。所以說，隨著資料的快速成長，中心化的伺服器已經難以滿足記憶體的需求。

第二個弊端是資料分散管理造成了投資成本增加。中心化的應用伺服器和資料伺服器越來越多，不僅形成了伺服器分散式管理的局面，還直接導致資料中心設備投資成本大幅度增加。對於系統管理員來說，在伺服器分散式管理的資料儲存方式下，要實現資料庫系統的高效管理是非常困難的。尤其是資料恢復以及資料備份工作，管理環節和操作繁雜，非常耗費時間和精力。

第三個弊端是隨著資料處理量增加，系統和網路執行效率降低。在網路環境下，資料中心處理業務工作是非常繁忙的，包括資料登錄、發布、更新、備份、恢復等操作都需要占用網路頻寬和伺服器資源。當網路上資料儲存量成長到一定規模時，資料服務和資料管理將會造成極大的網路負擔，導致系統和網路執行效率較低。有限的伺服器和網路性能與不斷增加的資料處理量是一對難以調和的矛盾，因此這種模式難以長久運用。

因此，以伺服器為中心的網路系統必將向分散式資料網路轉變，這是網路儲存發展的大趨勢。

9.3
學業成績水準測試

> 區塊鏈的最初用途是記錄和確認每一筆比特幣交易，發展到今天，其應用範圍已經遠遠超過了數位貨幣。現如今，越來越多的產業對區塊鏈技術產生了興趣，包括教育產業。一些教育機構試圖用區塊鏈系統替代學務系統，記錄和驗證學業成績、出勤率等。

9.3.1　比教務管理系統更智慧

教務管理系統是教育機構必要的組成部分，其包含的內容對於學校管理決策者有著重要意義。對學生來說，教務管理系統包含著眾多有價值的資訊，經過快捷查詢就能獲取對自己有用的資訊。

隨著學校營運時間的成長，學生數量的持續成長，有關教務的各種資訊資料也成倍成長，這對於教務管理系統的運行穩定和效率提供了較高要求。

由於大多數學生都是非常關心自己學業的，所以學校應當開發高效、易於查詢並且方便管理員管理的教務資訊系統。

採用 SQL server2003 的資料庫技術進行架構對教務管理系統建構來說是最簡單的方法。這種架構主要包括四個模組，分別為登錄、教師使用者、管理員使用者、學生使用者。各個對象可根據自己的權限完成查詢。

系統管理員主要負責整理和更新學生以及其他輸入對象輸入的資訊資料。由於資訊量非常大，所以管理員需要經常對教務管理系統進行維護和更新，防止系統出現運行、資訊失誤等問題。

比起傳統人工傳遞工作，採用教務管理資訊系統可以減少很大一部分人工開支，降低資訊管理成本，而且增加了獲取的資訊量、縮短了資訊處理週

期。教務管理資訊系統有利於教育機構規劃教學資源、提高學生資訊以及反饋教學資訊的利用率。

　　儘管教務管理系統對教育機構的作用很大，但是區塊鏈的出現依然完勝教務管理系統。因為區塊鏈成績單比教務管理系統更加智慧，應用範圍更廣。作為公開可見的分散式帳本，區塊鏈記錄的資訊資料可以永久儲存且無偽造的可能性。

　　區塊鏈成績單是這樣的：這裡保存著每一個學習者的基本資訊、學習過程、考試成績、課程設定等資料，沒有人可以篡改。每個學習者可以根據自己的時間安排選擇必要的課程學習，參加重要的考試，相對來說比較自由。對於用人單位來說，這些紀錄都是公開可見的。

　　長期以來，學習者的學習成績等檔案都是由學校保存管理的，但是區塊鏈成績單將會改變這種傳統。自此之後，學習者將可以自主管理其學習過程和結果的記錄及證據。而且利用區塊鏈技術呈現學習者學習的過程和結果將成為主流。區塊鏈成績單可以記錄的資料包括學習者全部的成長經歷、學習過程和結果、完成的學習計畫、掌握的技能、他人的評價等。

　　與教務管理系統相比，區塊鏈成績單對學習者的幫助會更大。隨著學習環境向技術賦能的方向發展，課程選擇以及學習成果認證對學習者來說意義重大。區塊鏈成績單將會提供這樣一個機會：學習者可以從眾多教學機構中自由選擇想要學習的課程，然後得到學習成果認證，並將自己的學習成果、興趣愛好和技能特長等展示給用人單位。

　　此外，有了區塊鏈成績單，學習者在轉學的時候不再需要向相關學校申請開具學習證明、成績單等轉學手續。因為透過區塊鏈成績單就可以了解學習者的學習內容、過程和結果，包括學習的課程性質和內容、完成的作業、獨立以及團隊完成的計畫、考試類型及成績等。

　　新的信任網路也將會基於區塊鏈成績單形成。學習者可以在網路中識別

其他學習者掌握的知識和技能，據此建立起基於學習過程和結果的社交網路系統。

區塊鏈成績單有利於學習者創建、維護和共享個人學習資料，包括所學課程、學分、成績和經歷等。在此基礎之上，學習者的學習過程和成效將會得到明顯改善。

如果區塊鏈成績單能夠應用並普及，教育機構的營運成本將大大降低，學生的文憑成本也將跟著下降。另外，區塊鏈教育系統還能夠防欺詐，降低教育領域違法案件發生的可能性。

教育資料儲存與分享、教育證書檢驗、區塊鏈成績單是區塊鏈在教育領域最主要的三大應用。除此之外，區塊鏈還可用於學習帳本、教育區塊鏈等。「學習帳本」與「教育區塊鏈」是美國兩個非常著名的智庫機構「未來研究院」（Institute for the Future）和 ACT 基金會（ACT Foundation）聯合提出的，其核心思想是「學習即收入」。

具體來說，一個教育區塊鏈表示學習者完成一小時的學習成效，教育區塊鏈可以被學習者贈送給他人，而學習帳本的作用是追蹤教育區塊鏈中儲存的知識和技能。無論是在教育機構，還是在工作場所，學習者都可以透過學習獲得教育區塊鏈。而學習帳本則可以幫助學習者無論是在什麼場所都可以賺取學分和認證。另外，學習帳本還可以體現學習者的個人興趣愛好或業餘活動。根據學習者的教育區塊鏈，企業可以應徵到需要的員工。

更厲害的是，學習帳本和教育區塊鏈的提出者認為，學習者的即時收入有望被追蹤，從而發現可以給學習者帶來更高收入的知識、技能、課程或專業，為其他學習者提供參考意義。如果這一切成為現實，學習者還可以利用學習帳本尋找投資人。因為學習帳本可以追蹤、記錄教育區塊鏈為學習者帶來的收入，如果投資人認為收入非常可觀，便可以向學習者投資，要求獲得學習者收入的一定比例作為其投資回報。兩者之間的投資協議將會以智慧合

約的形式存在。

學習帳本的建構離不開區塊鏈，這也意味著區塊鏈的特徵會體現在學習帳本上，即學習者獲取的所有教育區塊鏈都將記錄在學習帳本上，永遠保存而且無法輕易篡改。

學習帳本與教育區塊鏈生動地描繪了人類學習和職業發展的未來藍圖，也反映了區塊鏈在教育領域中的應用具有無限價值和潛力。

9.3.2　全球第一所接入區塊鏈技術的學校

美國舊金山的霍伯頓大學是全球第一所接入區塊鏈技術的學校。在 2015 年 10 月，霍伯頓大學軟體工程學院對外宣布，從 2017 年開始，學院將會以區塊鏈的形式完成有關學業證書的記錄，誰都無法造假。

賽普勒斯最大的私立大學尼科西亞大學，也是最早使用區塊鏈技術的大學之一，該學校將學生的獲獎情況放在區塊鏈上保存。尼科西亞大學的教師 George Papageorgiou 稱：「區塊鏈的使用獲得了很好的反響，學生會表示非常願意使用這項新技術。」值得注意的是，尼科西亞大學也是第一所提供數位貨幣課程的大學。

區塊鏈技術進入教育領域以後，基於區塊鏈技術的比特幣也開始在學校流行起來。一些大學已經在校園裡裝上了比特幣提款機，校內商店也逐漸接受比特幣這樣的支付方式。其實，讓學生們盡早接觸數位貨幣以及區塊鏈技術是必要的，畢竟隨著數位貨幣以及區塊鏈的應用範圍擴張，很多學生在畢業後都需要接觸到這一領域。

總之，區塊鏈技術在教育領域的應用有利於簡化教育系統、防止學歷偽造，為學生、學校和用人單位提供了證書獲取、認證和分享的一站式平台。

除了之前提到的霍伯頓大學軟體工程學院以及本文所說的尼科西亞大學，全球眾多教育機構和科技企業已經開始投入資源探索區塊鏈技術在教育

領域中的應用。針對區塊鏈技術在教育中的應用前景，區塊鏈研究者 Watters 認為存在五大挑戰，內容如圖 9-2 所示。

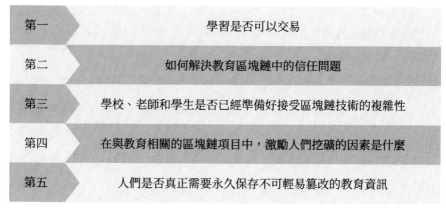

第一	學習是否可以交易
第二	如何解決教育區塊鏈中的信任問題
第三	學校、老師和學生是否已經準備好接受區塊鏈技術的複雜性
第四	在與教育相關的區塊鏈項目中，激勵人們挖礦的因素是什麼
第五	人們是否真正需要永久保存不可輕易篡改的教育資訊

圖 9-2 區塊鏈技術在教育中的應用前景五大挑戰

第一，學習是否可以交易。作為分散式帳本，即便是在金融領域之外，區塊鏈的用途依然是記錄各種交易。那麼，在教育領域，這些交易都是什麼呢？它們是完成課程、考試、發表論文、出版圖書，還是對所學習內容的按讚或收藏？此外，在記錄上述交易活動時，學習者得到或失去的具體指什麼？這些都是需要研究思考的問題。

第二，如何解決教育區塊鏈中的信任問題。區塊鏈技術的廣泛應用打擊了銀行、清算公司等以信任為基礎的傳統機構，因為去中心化的區塊鏈技術將挑戰甚至取代那些中心化機構，隨之而來的是全社會信任機制的變化和混亂。

在教育區塊鏈中，學生被視為不可信對象，他們所掌握的知識、技能、證書或文憑等只有經過認證才具有可信度。但是，區塊鏈技術如何驗證頒發資格證書的機構？如果按照交易量的話，相當於變相鼓勵這些機構濫發證書，這成為區塊鏈研究者需要解決的一個難題。

　　第三，學校、老師和學生是否已經準備好接受區塊鏈技術的複雜性。區塊鏈技術的應用基礎是應用公共金鑰，並擁有龐大的運行區塊鏈節點的運算能力，但是教育機構做好準備了嗎？分散式、去中心化的技術並不是提升教學績效的最佳方案，那麼應用區塊鏈技術提升教學績效的可能性有多大、如何實施具體方案？

　　第四，挖礦是區塊鏈創造新區塊的過程，這一過程透過花費大量的運算資源獲得比特幣。那麼，在與教育相關的區塊鏈計畫中，激勵人們挖礦的因素是什麼？此外，與教育相關的區塊鏈計畫是繼續利用比特幣挖礦模式還是建構像以太坊一樣的第三方平台？

　　第五，人們是否真正需要永久保存不可輕易篡改的教育資訊。學習是一個人成長變化的過程，而永久保存不可輕易篡改的學習者個人資訊有什麼意義和價值，應當如何處理？教育資料的所有權問題尚未明確，在這種情況下，學習者如何管理並控制區塊鏈中的個人隱私？學校有權將區塊鏈中的學生資料賣給其他機構嗎？

　　如果學習者希望將一些不光彩的過去抹去，重新開始，教育區塊鏈如何解決這一問題？一旦區塊鏈技術的應用使得學習者的資料公開引發另外一些問題時，誰充當監管者，誰負責？

　　因此，即便教育領域對區塊鏈技術持有樂觀態度，相關研究者依然要謹慎思考上述問題。儘管區塊鏈技術在教育領域中的應用面臨眾多挑戰，但是毋庸置疑的是，從學校、教育行政管理機構到從事教育培訓的商業企業，都已經意識到區塊鏈對教育領域的巨大變革潛力，因此紛紛投入資金、技術等資源，從事區塊鏈在教育領域的應用研發。

　　總之，我們應當抱著開放、包容的心態，積極迎接區塊鏈技術可能給教育領域帶來的改變，為推動區塊鏈應用落地做好心理、知識和技能上的準備。

第 10 章
區塊鏈在公證領域的應用

公證是一種公證機構對事實和文書的真實性、合法性予以證明的活動。傳統的公證過程具有手續繁瑣、處理低效等不足。而區塊鏈在公證領域的應用將有助於維護一個安全存放、基於時間戳記錄的區塊鏈帳本，並將提高資料證明過程的透明度，在明確權屬的同時節省成本、提高效率。

10.1
身分認證

> 當前的身分認證依賴於身分證、戶口本等各種證件。然而，很多人都有粗心大意不小心丟失了重要證件的時候，這時候已經不是補辦麻不麻煩的問題，而是給自身生活帶來不便，甚至影響人生大事的問題。

10.1.1 「你是你」很難證明嗎

在日常生活中，很多人都遇到過各種奇葩證明，包括「你是你」、「你是單身」等。這些事情聽起來可以一笑了之，但如果讓我們自己遇上，就是一個非常讓人頭疼的事情。

一位碩士班研究生就因為不能證明「自己是自己」而錯失了公務員體檢的機會，儘管他的筆試、面試成績都拿到了第一。事情是這樣的，該碩士研究生是某大學法學院應屆碩士畢業生，他報考了監察職位。儘管他拿到了筆試面試均第一的成績，但是卻在體檢前兩日丟失了身分證。

根據規定可知，該碩士研究生丟失了身分證的唯一解決辦法就是辦理臨時身分證。然而，由於他是在公務員體檢前兩天丟失的身分證，而臨時身分證辦理至少要三個工作日，所以根本無法趕上體檢時間。

對此遭遇，該碩士研究生非常憤怒，並在網路發出了自己的質疑：「體檢前出具身分證的目的是證明身分，戶籍作為身分證的母本為什麼不能證明身分？況且我還有其他一系列資料，足夠組成證據鏈證明身分。雖然說工作人員是按照規定辦事，但是『僅有身分證及臨時身分證作為身分認定依據』的規定，是個正常人都會覺得不合理。」

那麼，戶口名簿、護照、工作證、駕駛執照、學生證等證件能否代替居

民身分證參加考試或體檢呢？

在當前的環境下，該碩士研究生的遭遇是難以避免的。但是在未來，當區塊鏈技術應用於身分認證之後，上述尷尬情況可以得到解決。

本書在 3.2.1 小節中講過，區塊鏈技術可以用於使用者的身分驗證。由於使用者掌握的金鑰是唯一的，所以身分驗證顯得非常容易。下面一起看中本聰透過比特幣的創世區塊證明自己身分的原理。

比特幣的創世區塊（Genesis Block）有 50 個比特幣，而且代碼是確定的、唯一的，這就使這 50 個比特幣不能使用。中本聰的創世區塊位址為「1A1z P1eP5QGefi2DMPTfTL5SLmv7DivfNa」，很多比特幣愛好者還向中本聰的位址捐幣，使其餘額超過了 50BTC。對中本聰來說，他擁有這筆比特幣的所有權，但是沒有使用權。

比如說，一個比特幣的狂熱愛好者在網上發言，並妄稱自己就是中本聰本人。如果中本聰自己覺得有必要澄清，就可以使用創世區塊的金鑰簽名，並註明該發言並非自己本人發出，全世界的人們就知道真相了。

對於所有需要證明身分的場景來說，區塊鏈可以替代身分證的作用。首先，我們需要使用比特幣 QT 錢包（比特幣本地錢包）生成一個收款位址，該收款位址可以是空位址，不需要有任何餘額。其次，我們需要用 QT 錢包對生成的空位址進行簽名。簽名一般都是使用特定消息，然後就可以得到簽名結果。然後，我們需要向全世界公布自己的比特幣位址，包括特定消息和簽名結果。這時，全世界都知道了這個位址是我們的。

如果是參加考試或體檢，考生需要證明自己的身分，那麼對方給出一個特定消息，考生只需要簽名，對方進行驗證即可證明身分。用區塊鏈驗證身分的唯一風險就是金鑰被盜，顯然，金鑰被盜的可能性遠遠小於身分證跟錢包一起被盜的可能性。

　　區塊鏈讓人類第一次不需要依靠任何第三方中心機構就可以完成身分驗證，也是人類第一次在網際網路上創造了一個不能複製、不可偽造的資料庫。等到區塊鏈技術發展到一定階段，身分證明、出生證明、結婚證明都有可能記錄在區塊鏈上。

10.1.2　區塊鏈造就「世界公民」

　　出國旅行，護照是最重要的證件。很多人出國沒有意識到護照的重要性，隨意塗改護照內容或者粗心將護照弄丟，給自己製造了很大的麻煩。

　　護照問題有沒有更好的解決方案呢？區塊鏈可能為護照提供一個更好的解決方案。「世界公民護照」的創新就是基於區塊鏈技術的護照問題的解決方案。「世界公民護照」是由一個名為克里斯托・弗埃利斯（Christopher Ellis）的比特幣狂熱信徒開發的一款軟體，還曾經被美國《連線》雜誌報導。該軟體利用的是 PGP 加密軟體和比特幣區塊鏈，可以創造出以精密數學為基礎的身分證明文件，這種證明文件是無法被偽造的。

　　2015 年 3 月，管理學專業的學生詹妮娜（Janina）成為世界上第一個參與該創新的人，被人們稱為「第一個持有加密護照的世界公民」。作為第一個嘗試者，詹妮娜稱自己是非常幸運的，並在當天錄製了過程影片。自此，詹妮娜成為加密護照的「封面女郎」，同時也成為以區塊鏈技術為基礎建立經濟共和的堅定倡導者。

　　克里斯托・弗埃利斯表示：「我們之所以選擇詹妮娜，是因為我們希望『第一個加密護照持有人』由一個不參與開發的人員來完成。這項設計如果能夠推廣開來，將為人們提供一個簡便、有效的方式證明自己的身分，這種討論超出國界的限制。該『護照』可以適用於網際網路核查之類的功能，未來還有可能為政府提供一個很好的解決方式以省去目前政府集中管理的護照問題。」

區塊鏈造就世界公民的原理是什麼呢？首先，我們需要使用比特幣 QT 錢包（比特幣本地錢包）生成一個收款位址，該收款位址可以是空位址，不需要有任何餘額。其次，我們需要用 QT 錢包對生成的空位址進行簽名。簽名一般都是使用特定消息，然後就可以得到簽名結果。然後，我們需要向全世界公布自己的比特幣位址，包括特定消息和簽名結果。這時，全世界都知道了這個位址是我們的。

此後，如果我們要出國旅遊就無須辦理護照，要向對方證明我們的身分，那麼對方給出一個特定消息，我們只需要簽名，對方進行驗證即可證明我們的身分。

用區塊鏈驗證身分的唯一風險就是金鑰被盜，所以只要使用者妥善保管好自己的金鑰，別人就無法偽造使用者身分。

區塊鏈讓人類第一次不需要依靠任何證件就可以完成身分驗證，也是人類第一次在網際網路上創造了一個不能複製、不可偽造的資料庫。

區塊鏈作為一種顛覆性技術，造就世界公民的意義在於有利於促進全球化的「經濟共和」。在人類歷史上，全球經濟上的共和至今還沒有到來，而區塊鏈技術為人類歷史上第一次實現經濟共和提供了可能性。

這種可能性體現在四個方面：第一，區塊鏈透明、不可篡改等各種特性是實現經濟共和的基礎；第二，區塊鏈透過 P2P 價值網路使參與經濟活動的個體完全對等；第三，區塊鏈的共識機制可以充當經濟共和中的「憲法」；第四，區塊鏈中沒有中心化高權節點，所有節點共同維護體系穩定。

「經濟共和」會如何改變我們的生活呢？經濟共和意味著在世界範圍內，所有人擁有的經濟權利平等。在以區塊鏈技術為基礎的經濟運行方式裡，個體的權利由預先設定好的共識機制或者經過簽署的智慧合約決定，這將使經濟全球化實現最大化地自動運行。這種經濟共和具有以下三個特徵，內容如圖 10-1 所示。

圖 10-1 經濟共和的三個特徵

第一，區塊鏈技術驅動的經濟共和突破了地緣限制。區塊鏈達成的共識機制可以使人們輕易地與其他國家的任何一個人一樣平等地擁有經濟權利。

第二，一個人的一生可以不參與任何政治活動，但是卻離不開經濟活動。與政治活動相比，經濟活動的頻率要頻繁得多。

第三，基於區塊鏈技術的經濟活動可以透過自動執行智慧合約提升當前經濟的執行效率，同時根據使用者意願進行財物交易等經濟活動。

區塊鏈或將以一種全新的方式創造人類經濟活動的高峰，一個全球化的無阻流動的經濟已經在我們眼前展現：你可以隨時加入或退出區塊鏈系統，只要網路正常運行，就能在 10 分鐘內完成任意位置任意資金量的轉移。此外，區塊鏈系統實現的資源分配遠遠超過了貨幣的範疇。

比如，美國和歐洲曾經封鎖伊朗石油，導致伊朗的石油無法走出國門，大大影響了伊朗的經濟。如果運用區塊鏈技術，問題就很好辦。伊朗可以直接利用石油燃燒發電，然後將大量的電用來挖礦，獲取數位貨幣。僅僅是一個簡單的網路通訊，伊朗就可以將龐大的石油資源轉化成數位貨幣，然後在 10 分鐘內到任何一個交易所進行兌現，換成外匯。如此一來，美國和歐洲的經濟封鎖就可以打破。

10.1.3　微軟發力區塊鏈的身分認證系統

2016 年 8 月，微軟宣布和區塊鏈巨頭 ConsenSys、區塊鏈初創公司 Blockstack Labs 以及其他區塊鏈研發者合作開發基於區塊鏈的身分識別系統。微軟表示，該研發計畫致力於打造出一個開源、高度自治、基於區塊鏈技術的身分識別系統，該系統將會跨越區塊鏈、雲端服務商和組織，讓產品、使用者、應用和服務進行互動。

微軟在官方貼文中寫道：「透過這次開源合作，我們計劃打造一個跨鏈的身分識別解決方案，這一解決方案可以擴展到未來任何區塊鏈或者新型分散式系統上。」另外，微軟還在 Azure 區塊鏈平台上線了一個開源框架，開發人員可以基於這個開源框架設定「身分識別層」，並且測試其對應用開發的作用。

在區塊鏈領域，研發區塊鏈身分認證應用的公司不只是微軟一家。2016 年 8 月，美國國土安全部（DHS）科技理事會資助了四家研發身分認證的區塊鏈創業公司，包括 Digital Bazaar、Respect Network、Narf Industries 和 Celerity。這是一個小企業創新研究計畫（初始 SBIR），這四家公司分別可以拿到 10 萬美元的資助。除此之外，美國國土安全部還要求這四家公司研發區塊鏈技術在隱私保護方面的應用。

區塊鏈技術將會顛覆現有的身分認證系統，並創造新的玩法和方式，這是必然的。在這場變革中，Digital Bazaar 主要研發用於發布身分證明資訊的關聯資料帳本架構。而 Respect Network 主要研發基於公鏈的中心化註冊和發現的服務。

Narf Industries 主要研發的是基於私鏈的身分認證管理系統。該系統具有真實性、保密性（有選擇性地公開資訊）、實用性、偽匿名性等特點，而且只允許美國國土安全部進入。Celerity 主要研發基於區塊鏈的身分資訊交易平台，使用者可以在該平台上與公共和私人組織交換身分資訊，而且不需擔心

資訊安全問題。

事實上，這四家區塊鏈創業公司不僅能夠拿到美國國土安全部的 10 萬美元，還可以拿到更多投資。而是否有機會獲得投資人青睞，取決於他們未來研發出的計畫成果以及商業模式的潛力大小。

美國國土安全部的小企業創新研究計劃是從 2015 年 12 月開始的。身分認證管理是他們投資區塊鏈領域的第一個方向。區塊鏈專家克里斯多夫·弗蘭科（Christopher Franko）說：「無論美國國土安全部選擇投資區塊鏈技術的哪一方面應用，都將備受矚目。現在，他們首先選擇了身分認證管理，這也很正常。我非常好奇他們將會如何使用這種區塊鏈身分認證系統，畢竟他們投資的四家公司我之前從未聽說過。」

克里斯多夫·弗蘭科還說，如果可以知道美國國土安全部的投資標準就好了，這樣就可以幫助更多有意義的區塊鏈解決方案被發掘。

全球四大會計師事務所之一安永也開始涉足區塊鏈身分認證管理領域。2017 年 3 月初，安永內部人員透露他們正在為一個澳洲客戶研發新計畫，這個新計畫就是基於區塊鏈的身分認證管理平台。

安永表示，這一平台將會用於管理和驗證客戶身分資訊，而且還能解決內部資料管理和隱私兩大問題。截至 2017 年 3 月 2 日，安永已經在以太坊將該平台整合完畢。區塊鏈初創公司 BlochExchange 就是安永的這位澳洲客戶，他們主要研發基於區塊鏈技術的抵押貸款平台。

安永金融服務實踐部的經理麥可·馬羅尼（Michael Maloney）表示：「這個區塊鏈身分認證管理平台是我們內部研發團隊推出的最切實可行的產品，也是目前我們對以太坊最穩定有效的研究，極大地凸顯了以太坊網路的優勢。」該計畫的研發也表明，安永對區塊鏈重塑金融服務領域的信心是非常強大的。

安永研發的區塊鏈身分認證管理平台能夠透過執行傳統 KYC 政策（充分了解你的客戶）的流程創建客戶的身分資訊，然後將這些資訊分配給區塊鏈中其他受信任的成員。

BlochExchange 的 CEO 安德魯・科平（Andrew Coppin）對於這一身分認證管理平台的表現非常驚訝，尤其是在第三方資料儲存和驗證方面的能力是他遠遠沒有想到的。他還說：「這一平台給我們帶來的優勢在於我們在市場上掌握了一種擁有公信力的穩健系統。在此基礎上，我們還能與其他有潛力的公司合作，並使他們也獲得基於這一平台的優勢。」

總體來說，安永將區塊鏈視為一種基礎技術，並堅信它可以在特定平台上發揮優勢。安永區塊鏈和分散式架構策略主管安格斯・錢皮恩（Angus Champion de Crespigny）也說：「身分資訊對每個人來說都是非常重要的，我們認為這是區塊鏈應用領域的重點之一。」截至 2017 年 3 月 2 日，區塊鏈身分認證管理平台計畫已經在展示階段，也經過了驗證和測試，不過安永具體部署這一平台的時間尚在協商中。

對於區塊鏈身分認證管理技術，安永是非常有信心的，並認為從技術角度來說，區塊鏈身分認證管理平台的應用以及發展不會有什麼大的阻礙。安格斯・錢皮恩還說：「區塊鏈身分認證管理平台解決了三大核心問題，即 KYC、客戶管理和監管問題。從長期發展目標來看，安永還計劃研發一種基於這一平台的『擔保產品』，用於降低使用區塊鏈技術的風險。」

安永合夥人詹姆斯・羅伯茨（James Roberts）補充說道：「我們正在和三家澳洲的大型銀行保持聯繫，討論這一平台的部署問題，不過目前相關的討論仍然處於早期階段。」

研發區塊鏈身分認證系統的公司還有很多，包括 IBM、德勤等。可以說，區塊鏈身分認證系統的應用落地可期。

10.2
產權認證

如果你對房地產買賣有一些了解的話，你應當知道，買房是一件非常麻煩的事情。無論是新房還是舊房，都需要辦理各種手續和證明。可以說，買房是一件耗費人力物力和時間成本的事情。如果是買二手房，還需要擔心是否存在產權糾紛。總之，買房需要耗費一些精力。想像一下，如果房屋產權保存在區塊鏈裡，那麼購房將變得非常簡單，而且還能降低人力成本和發生錯誤的機率。

10.2.1　複雜的傳統資產確認程序

辦理房屋權狀會遇到程序上的麻煩，這是一件真正讓人煩心的事情。但是，對於購買二手房的人來說，房屋權狀的真假辨別是一件更為棘手的事情。

一個房子少說幾百萬，多則幾千萬，如果遇上持有假房屋權狀的假業主，不僅得不到房子，還賠上了一生積蓄，惹上官司，這是購買二手房的人最擔心的事情。

一家地產公司分店店長表示，他從業五年多，只有一次在房地產交易登記中心現場遇到假業主賣房。他觀察發現，假房屋權狀一點都不正規，稍微有點經驗的人都能看出來。

對於購房者來說，見到房屋權狀的機會不多，那麼如何識別房屋權狀真假呢？下面介紹八種方法。

第一，看印製房屋權狀的紙張是不是印鈔紙。印鈔紙是假證永遠都不能突破的瓶頸，只要確定房屋權狀的紙張不是印鈔紙，就可以確定其為假證。

假證使用的印製紙張一般為普通紙張，比較粗糙，透過觀察紙張的品質、色澤一般可以辨別房屋權狀的真偽。

第二，電話或者線上查詢。產品證號對於房屋權狀就像身分證號對我們每個人一樣，是一一對應的。

第三，房地產局查詢。如果要查詢詳細的房屋權狀資訊，包括：房屋所有人名稱、產權證號、登記核準日期、建築面積、房屋設計用途、權利來源、房屋是否抵押、是否被查封等，就需要攜帶個人身分證件及房屋權狀到當地窗口查詢。

第四，對比查詢。是真是假，一經對比就很容易確定。如果不確定房屋權狀真假，可以找一本同年代、同版本的房屋權狀進行對比。沒有任何一本假房屋權狀可以做到與真房屋權狀不差分毫，包括字體、字號、印章等各個細節。當然，對比查詢的前提是能夠找到同年代、同版本的真房屋權狀。

第五，與貨幣的水印設計類似，真房屋權狀也有這一設計，對光觀察可以看到宋體「房屋所有權證」底紋暗印，透過光線可見高層或多層水印房屋。顯然，假房屋權狀做不到這一點。

第六，各個負責發放房屋權狀的市、縣發證機關的建房註冊號都是不一樣的。

第七，真假房屋權狀的封皮有明顯區別。透過對比封面的美觀程度也可以辨別是不是假房屋權狀。真房屋權狀的封面字跡清晰、外表精美。

我們講述的是有關房地產的產權認證，延伸到其他產權領域都是一樣的，產權確認程序都比較複雜。

10.2.2 可追蹤的區塊鏈產權變更

房地產產業正在嘗試將區塊鏈技術運用到房屋產權交易環節。未來區塊

鏈有可能為地產產業提供全面立體的支援，改造整個產業交易模式。

Ubitquity LLC 是一家美國房地產區塊鏈公司。2016 年上半年，該房地產區塊鏈公司對外宣布正在研發適用於房地產產業的文件安全儲存區塊鏈平台。

Ubiquity LLC 聯合創始人、CEONathan Wosnack 表示，區塊鏈技術的應用將會極大地降低文件編碼的風險。在美國，每年因為欺詐性轉移問題帶來的損失達到 10 億美元，一些人採用非法手段冒充房屋所有者拿到了金融機構的貸款。因此，區塊鏈技術將會推進房地產產業人員更好地合作並有效減少詐騙案件。從具體操作上看，區塊鏈的公開透明的特性可以減少產權搜尋時間，提高保密性。

IBM 提供的智慧合約技術和區塊鏈技術是房易信平台的底層技術，在此基礎上，鑫苑集團負責搭建上層模組，包括房地產資訊資料庫、交易流通系統、房地產估值系統、風險控制等。房易信平台致力於成為未來房地產金融科技領域的基礎設施應用，廣泛對接投融資機構、徵信機構、商家、消費者等機構和群體。

區塊鏈對於解決房地產交易中出現的房屋權狀明以及交接時的資訊不對稱問題，可謂是對症下藥。在房地產交易市場，區塊鏈可以創建一個公開透明，難以偽造的文檔來證明交易。當有人試圖製造假的交易文件時，區塊鏈將證明該文件的擁有者不是他，從而幫助他人識別詐騙。

與此同時，區塊鏈技術使得產權變更更易於追蹤。金融機構可以據此查詢相關的房地產資源情況、抵押貸款公司信譽度等，大大降低了成本。

在房屋租賃市場，區塊鏈也有用武之地。基於區塊鏈技術的身分及信譽管理系統一旦建成，共享經濟的普及就不再遙遠。在這個身分及信譽管理系統裡，主客身分資訊的認證變得更加安全，信譽資訊的準確度更高，主客雙方的使用便捷度和安全性也得到了進一步提升。另外，區塊鏈技術還有助於

建立起一個不可篡改的評論生態環境，只有那些附上入住／支付記錄並提供數位簽名的真實使用者才能發表評論，評論真實性因此有了極大保障。

2016 年 4 月，喬治亞共和國公共登記處（National Agency of Public Registry）、比特幣挖礦公司 BitFury 以及祕魯知名經濟學家赫爾南多‧德‧索托（Hernando DeSoto）宣布合作開展土地所有權登記計畫的研發和設計。

該計畫在全球內引起了轟動，區塊鏈愛好者對於用區塊鏈進行土地所有權登記滿懷期冀。喬治亞是一個進步和創新的國家，因為近幾年來的反腐敗鬥爭而受到關注。

在美國、歐洲等國家，財產所有權登記基本上已經普及開來，但是從全球來看，很多國家依然缺少產權登記。祕魯首都利馬自由和民主研究所的主任 De Soto 估計，這筆非生息資產的總價值超過了 2,000 兆美元。

在合作簽約儀式上，計畫合作方在喬治亞科技園簽下了協議。BitFury 作為第一家入駐該科技園的公司，買下了一塊 200 萬平方英呎的私有土地，用以建立其大型資料中心。

BitFury 的創始人兼 CEO 瓦列里‧瓦維洛夫說：「我們啟動這個產權登記計畫的目的是幫助喬治亞公民在區塊鏈上登記資產。而選擇區塊鏈技術的原因是它可以幫助我們解決三大問題。首先，它能增強資料的安全性，防止篡改；其次，透過區塊鏈登記產權有助於審計員即時審計，提升審計效率，由原來的一年審計一次轉變為每十分鐘審計一次；最後，它可以減少登記時的摩擦和登記成本，因為未來人們可以用智慧型手機完成登記，區塊鏈將提供公證服務。」

喬治亞共和國公共登記處主席 Papuna Ugrekhelidze 說：「透過搭建基於區塊鏈技術的土地所有權登記計畫，喬治亞可以向世界展示，我們是現代化、透明、無腐敗的國家。我們將會引領世界改變土地所有權的登記方式，為全世界人類社會的繁榮奠定基礎。」

赫爾南多‧德‧索托（著有《資本的祕密》一書）是一位祕魯經濟學家，他在所有權方面的研究獲得了眾多獎項，因此聲名遠播。他說：「在全球 73 億人口裡，僅擁有合法、有效和公開財產所有權的人數只有 20 億；如果所有財產沒有合法記錄，那麼用作抵押品獲得信用貸款是不可能的，也無法作為資產轉移憑據獲得投資。即使財產存在所有人，可是如果沒有充分記錄保障，就不能用作資產和信用。」

所有權登記問題還遏制了商業發展。赫爾南多‧德‧索托說：「對於雀巢、好時或亨氏公司來說，要想在加納買幾百萬畝的土地，首先必須要知道向誰購買，這就涉及所有權登記問題。」

在當前的所有權登記制度下，在喬治亞完成一筆土地買賣，只需要隨便找一個公共登記機構，支付 50 ～ 200 美元的費用。整個流程在一天之內可以完成。當然，你對交易公證速度的要求越高，需要支付的費用就越高。如果喬治亞的試點計畫研發成功，土地買賣雙方只需要花費 0.05 美元或 0.1 美元就可以完成一筆交易。

BitFury 副董事長喬治‧科瓦德茲（George Kikvadze）說：「我們希望取得的結果是，公民用手機應用就可以轉移資產，而且這些都與區塊鏈上的代幣相對應，發生交易摩擦的機率將會非常低。」

喬治‧科瓦德茲還說：「喬治亞政府非常支援我們的計畫，不僅總理支援這個試點計畫，技術小組也提供了很多支援。很多年前，喬治亞政府就對該領域進行了改革，因此對接下來的工作很感興趣。所以說，在一個完全互信、互相學習的環境下工作更加輕鬆。相比那種不斷與腐敗官員和心懷叵測的人作鬥爭的環境，這種合作的氛圍可以使我們獲得更多成效。」

如果該試點計畫最終成功，將會搭建相關方案並拓展至所有土地所有權登記系統運作不夠完善的國家。

透過分析區塊鏈在房地產市場的應用，我們總結了區塊鏈技術對房地產

交易過程的改變，主要包括三個方面，內容如圖 10-2 所示。

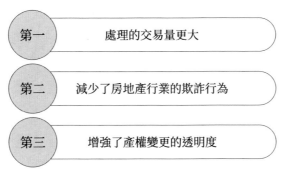

圖 10-2 區塊鏈技術對房地產交易過程的改變

第一，加快了房地產交易進程。眾所周知，房地產交易流程是比較複雜的，各個國家的不同的附加限制以及轉讓成本更是降低了房地產交易速度。區塊鏈技術的使用將會加快與財務有關的交易環節。

目前，大部分房地產買賣交易都是透過第三方仲介機構進行的。雖然，這種交易方式可以保證雙方財產與資金安全，降低欺詐風險，但是費用成本較高，占財產總價值的 1% ～ 2%，而且還延長了交易進程。使用區塊鏈技術後，第三方仲介機構的角色將會消失，區塊鏈分散式帳本本身就可以保障交易安全，從而加快交易進程。

第二，減少了房地產產業的欺詐行為。買賣雙方透過第三方仲介完成房地產買賣交易的主要原因是降低欺詐風險。而區塊鏈可以替代第三方仲介的作用，鎖定買方的資金，同時驗證賣方的數位產權。區塊鏈的共識機制可以輕易識別偽造的所有權文件以及虛假廣告，並且在系統裡直接連結到唯一的財產，發生欺詐行為的機率幾乎為零。

第三，增強了產權變更的透明度。大部分人買房都是貸款購房，全款購房的較少。然而，到銀行貸款的流程也比較繁瑣。區塊鏈技術可以改變這種現狀。在區塊鏈上，人們可以將自己定義為買方，申請貸款時，信用紀錄以

及收入等資訊會立即被核實，省去了前往銀行、律師事務所及地產代理機構辦理各種手續的環節。

對房主來說，房子本身擁有數位身分，只有自己擁有唯一的金鑰，從而輕鬆證明自己對房地產的所有權。另外，房屋交易歷史記錄、維修和翻新紀錄以及相關的預計成本等記錄在區塊鏈上。這樣一來，貸款手續以及所有權的轉移將無縫連接，甚至可以在同一天內完成。

區塊鏈在房地產領域的應用真是恰到好處，基於區塊鏈技術的資訊共享可以避免房地產交易過程中的欺詐行為，減少整個社會的財產損失，並提高房地產產業的執行效率。相信未來，區塊鏈技術會在房地產市場得到進一步的應用，甚至可能替代房地產仲介的職能。

10.2.3　杜絕宏都拉斯的土地所有權糾紛

宏都拉斯是一個經常發生土地所有權糾紛的國家。為此，宏都拉斯政府已經與區塊鏈鏈公司展開合作開發使用區塊鏈技術記錄土地所有權註冊的方法。調查記者凱文‧卡希爾（Kevin Cahill）著有《誰擁有不列顛》一書，書中指出，英國有一半的土地處於未登記狀態。不僅是宏都拉斯還有英國，土地所有權糾紛幾乎是任何國家都發生過的事情，下面我們看看宏都拉斯發生的一個房屋所有權糾紛範例。

2009 年的一天，宏都拉斯警方突然闖入 Mariana Catalina Izaguirre 的家裡，讓她立即離開。Mariana Catalina Izaguirre 非常驚訝，不知所以然，因為她已經在這個家裡住了三十多年。

為了證明這個家是自己的，Mariana Catalina Izaguirre 將自己家裡存放的政府開出的房屋證明拿出來給警察看，然而警察告訴她：「來自當地政府房屋委員會的資料顯示，該房屋屬於另外一個人，而這個『房主』向法院申請了驅逐令。」最終，Mariana Catalina Izaguirre 被迫離開了自己的家。

這是發生在宏都拉斯真實的事情,很多人聽聞此事後只感覺非常荒唐。事實上,因為登記不詳或記錄丟失,像這類不公平的事情在全球都很普遍。房屋以及土地所有權保障的缺失便是不公正的源頭,也導致了利用房屋或土地作為抵押物進行融資等變得異常困難。

這就是宏都拉斯政府與 Factom 公司(為基於區域鏈的土地登記提供原型的美國創業公司)合作開發使用區塊鏈技術記錄土地所有權註冊的方法的原因。同時,希臘也對 Factom 公司產生了興趣,因為希臘沒有合適的土地登記政策,90% 以上的土地在繪出的地圖上都是錯誤的。

赫爾南多・德・索托認為,發展中國家的發展之所以非常緩慢,是因為財產所有權界定不夠明晰。如果連財產屬於誰都無法判定清楚,那麼投資行為就不會出現,經濟發展必將受到限制。想像一下,當財產所有權清晰以後,人們就能夠交易,而交易是繁榮的基礎。

區塊鏈的支援者認為,區塊鏈技術能夠解決財產所有權的界定問題。它透過均等的節點權力和義務分配,創造了一種解決彼此之間不信任的更公正的記帳方式。一旦財產的所有權明晰,基於合夥或者財產的權利也就可以確定了。

於是,我們所處的發展階段將會超越所有權,透過智慧合約來解決財產糾紛問題。以一個人擁有債券為例,當智慧合約制定之後,如果沒有滿足一些條件就會產生相應的利息、在規定時間內償還或產生賠償等。這些條款能夠在區塊鏈上被編碼,所有相應的行為都是自動化處理的。

在財產所有權方面,區塊鏈很可能會完成銀行家、律師、管理員和註冊機構的工作,而且標準更高,成本更低廉,極大地降低財產所有權發生糾紛的可能性。

10.3
公證通 Factom 白皮書

Factom 區塊鏈公司曾於 2013 年發布一份白皮書，大致意思就是他們構思了一種概念型網路框架，這個新框架可以確保並提高留存在比特幣區塊鏈裡的交易紀錄、文件及其他一些重要資料的準確性。截至 2017 年，這份白皮書被各大公司、機構研讀。

10.3.1　Factom 設計目標 —— 真實地記錄一切

利用比特幣以加密的形式來確保資訊準確性這一概念在過去幾年裡不斷被完善。而 Factom 公司則提出一種依託比特幣系統的新系統，增強比特幣系統裡的加密認證資訊的透明性與開放性。

Factom 致力於使用區塊鏈技術來革新政府部門和商業社會的資料管理和資料記錄方式。Factom 的目標是創建並維護一個永久儲存且不可篡改的、基於時間戳記錄的區塊鏈資料網路，從而實現真實記錄的管理，減少進行獨立審計的成本和難度。

當前的比特幣區塊鏈已經改變了交易紀錄的方式，開發商們紛紛開始研發基於比特幣區塊鏈上的應用程式。然而，比特幣受制於最初的設計權衡，這給開發商帶來了三個核心約束問題，內容如圖 10-3 所示。

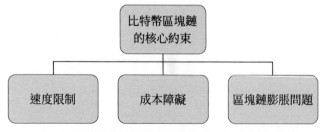

圖 10-3 比特幣區塊鏈給開發商帶來的核心約束問題

首先是速度限制。比特幣的分散式設計和工作量證明的共識機制導致比特幣網路生成一個新區塊的時間長達 10 分鐘。有的開發商需要開發具有更高安全性的應用，所以存在許許多多個確認。比如說，等待六次確認是一個常見的要求，而這需要的時間可能會比一個小時還要長。

其次是成本障礙。比特幣的交易價格始終在波動，就像起伏不定的股票一樣。如果比特幣的價格上漲，那麼交易成本也會跟著上漲。對於大型應用程式來說，管理的數位交易資料規模大，那麼交易成本就是一個非常大的障礙。除此之外，區塊大小的限制、獎勵減半等多種因素都會引起交易費用的增加。

最後是區塊鏈膨脹問題。比特幣的網路規模是最初就已經決定好的。當時，創始人中本聰對網路資料流量進行了限制，上限設為每秒交易 7 次左右，區塊大小上限為 1M。隨著比特幣越來越受追捧，這些限制導致了嚴重的網路阻塞。任何應用程式若想要使用區塊鏈寫入和儲存資訊都將會增加流量。這一問題使各方不得不尋求增加區塊大小限制。

Factom 旨在創建速度更快、成本更低、無膨脹的區塊鏈協議解決比特幣區塊鏈的三大核心約束問題。Factom 建構了一個標準的、有效的、安全的基礎，這將使基於協議之上的應用程式運行速度更快、成本更低，並且不會造成區塊鏈膨脹。可以說，Factom 協議為應用程式提供的功能和特性已經超越了虛擬貨幣。

Factom 生態系統建成之後，使用者帳號和公證通幣（Factoids）將會被激活，Factoids 承擔交易貨幣的角色。Factom 系統和比特幣之間的互動過程為：

第一，應用程式開發商使用公證通幣購買資料條目信用（Entry Credit）；第二，應用程式記錄資料條目；第三，Factom 伺服器創建條目區塊和目錄區塊；第四，Factom 將目錄區塊的雜湊值錨定到比特幣區塊鏈。

那麼，Factom 系統是如何安全地記錄資料條目的呢？比特幣原本的功能

僅限於其貨幣屬性之內的事件記錄的功能，而 Factom 擴展了比特幣的功能。Factom 設定了用於永久記錄資料條目的最小規則集，讓開發商的應用程式獨立執行大多數的資料驗證任務，Factom 僅僅強制實施那些透過協議交易公證通幣、購買條目信用的驗證，並確保條目正確付款和記錄。

Factom 創建了一些規則，用於激勵運行網路和內部的一致性，但是這種規則無法檢驗使用者記錄資訊本身的真實性和有效性。另外，Factom 對比特幣交易採取了一定的限制，要求比特幣交易必須從一組輸入值集合映射到一組輸出值集合。在一定的簽名下，只要輸入值集合滿足輸入值條件，系統輸入的有效性就可以得到保證。一旦這個驗證過程可以實現自動化，那麼審計過程就變得更加容易。

舉例來說，Factom 透過記錄房地產轉讓發生的那一時刻確保房地產的產權轉讓事件被記錄。現實世界裡的房地產產權轉讓規則和過程都非常複雜。房地產購買者不同，地方管轄機構的要求就可能大不相同。也就是說，外國人、農民或城市居民購買房地產的限制條件是不一樣的。另外，房地產的房屋價格、地段位置或建築類別等不同屬性都可能使房地產被歸為不同的類別，而每個類別反映到智慧合約的驗證和執行上也都有自己的規則。

情況的複雜要求所有權轉移驗證需要多個加密簽名，否則就無法保證有效性。而 Factom 另闢蹊徑，不驗證房地產所有權轉移是否有效，而是記錄房地產所有權轉移和交易是否發生。

Factom 伺服器是如何驗證資料條目的呢？按照時間順序來說，Factom 將這個過程分為記錄條目和審計條目的有效性。

首先是記錄條目。Factom 伺服器接收資料條目後會把它們裝入到不同的區塊，並修復條目的順序。10 分鐘後，該條目的順序被插入到比特幣區塊鏈的一個錨定，而後永久儲存，不可篡改。這一功能的實現依賴於 Factom 為 10 分鐘內收集的資料創建雜湊值，然後將雜湊值記錄到比特幣區塊鏈上。

其次是審計條目的有效性。條目審計是一個獨立過程，可以選擇依靠信任第三方或者不依靠信任第三方來進行。

如果選擇依靠信任第三方，輕型應用可以找一個稱職的審計師。每當計畫被輸入到系統中後，審計師將驗證輸入是否有效，並提交上自己的加密簽名條目。附上加密簽名表示該資料條目已經通過了審計師認為必須做的幾項檢查。依然是之前所說的房地產案例，審計師會仔細檢查財產轉移是否符合地方管轄機構的標準。在這種方式下，審計師將會公開證明財產轉移是有效的。

如果選擇不依靠第三方信任，這種情況與比特幣網路類似。也就是說，只要有一個數學定義像比特幣網路一樣完美的系統，就可以實現審計過程程式化。在這一系統的基礎上，應用程式只需要下載相關資料，然後進行自我審計和審核過程，建立起對系統的感知。

要把這些由客戶端獨立驗證的協議轉移到 Factom 上僅僅是一個如何真實記錄並保存資料交易的問題。與比特幣比起來，交易協議在 Factom 上沒有什麼不同，依然是永久儲存、不可篡改。唯一的不同是資訊在 Factom 上更容易表達，而不必以特殊形式編碼然後再嵌入比特幣的交易資訊中。

10.3.2 解決的問題 ──「證明否定」

房地產登記、土地登記、比特幣以及其他眾多系統都需要解決一個根本問題，即「證明否定」。也就是說，他們需要證明一個東西已經被轉移給某人，而且沒有被轉移給其他所有人。無界系統裡不存在否定證明，但有界系統裡可以實現。

首先看土地所有權記錄系統。假設土地所有權系統規定，土地轉讓必須在政府登記才有有效，未記錄的轉讓是無效的。那麼，一個人想要檢查一塊土地的產權歸屬只需要去政府登記處就可以。政府記錄可以證明這塊土地歸

屬於誰,而且不被第三方擁有。如果產權登記不是必須的,那麼政府登記處只能證明那些被登記的土地產權歸屬於誰。而且,在這種情況下,私人轉讓很可能存在,政府記錄無法代表全部的轉讓情況。

以比特幣為代表的數位貨幣系統也是類似的。比特幣系統將交易資料存在的地方限制在區塊鏈上。如果比特幣區塊鏈裡不存在某個交易,那麼它在比特幣協議下就不存在,因此不存在雙重交易的問題。

在上述兩種情況下,否定證明可以在一定的限定下得到證明。但是,現實世界是極其複雜的,而 Factom 則針對精確的數位資產以及物質世界中複雜的現實情況解決證明否定的問題。

在 Factom 系統中,資料的分類是有層次結構的,而 Factom 只把資料條目記錄在鏈中。如此一來,在 Factom 的執行協議中,眾多使用者定義的鏈不是相互依賴的關係,因此也不會像比特幣交易一樣存在雙重支付的問題。與比特幣系統將全部資料合併成一個總帳相比,Factom 將各個資料條目放在多個鏈當中,儘量讓應用程式在較小的空間內搜尋資料。

比如,透過 Factom 系統管理土地轉讓的應用程式僅僅是使用某個鏈來記錄,同時安全地忽略其他鏈上的條目資料,也就是說,那些用於停車場監控記錄的鏈就不需要更新。如果政府法院判決需要變更土地轉讓記錄,那麼與之相關的鏈都會被更新,用來反映判決結果。但是,資料一旦被更改,更改的歷史就永遠不會消失,即使這樣的資料更改從法律或者其他角度來說是無效的。

尼克・薩博在論文《安全產權與所有者權限》中的一個觀點就是:「儘管暴徒依然可以透過暴力掠奪物質資產,但是持續存在的真正的所有權記錄將是盜用者的眼中釘。」

綜上所述,Factom 是在比特幣區塊鏈協議的基礎上建構的一種分散式的、匿名的資料協議。Factom 將比特幣區塊鏈技術的應用範圍拓展,賦予了

比特幣應用到無限場景中的能力。另外，持有加密貨幣並不是使用 Factom 系統功能的必備條件。

比特幣區塊鏈代表的本質創新和技術突破是一個分散式的、不可篡改的分類總帳技術。而無數使用者和開發者的夢想是將分類總帳技術的誠實性和不可欺詐性應用到現實生活中。Factom 是一種解決方案，它基於區塊鏈技術創造了新的分類總帳，從而把區塊鏈技術的優勢帶進了現實生活中。

10.3.3　公證通幣 430 萬枚價值 54 萬美元

2015 年 4 月，Factom 公司對外宣布，透過銷售 430 萬枚公證通幣共獲得了超過 54 萬美元的收入，並對支援者表示感謝。據悉，Factom 公司銷售公證通幣獲得的資金將會用於開源計畫的後續開發，加速軟體的研發以及發布。

根據公證通白皮書：「Factom 創建並維護了一個永久儲存且不可篡改的、基於時間戳記錄的區塊鏈資料網路，從而實現了真實記錄的管理，減少進行獨立審計的成本和難度。商業社會和政府部門可以利用 Factom 簡化資料記錄的管理，記錄商業活動，並解決資料記錄安全性和符合監管的問題。」

在公證通發布公測版後，公證通幣持有者就可以使用並交易公證通幣了。Factom 公司創始人兼 CEO 保羅・斯諾（Paul Snow）稱：「比特幣社區的熱情讓我們感到受寵若驚。我們將會持續改進公證通的 API，並為軟體開發者提供整合公證通的教程。」

Factom 公司的發展是引人注目的，受到投資人的青睞也不足為奇。2015 年 7 月份，Factom 公司透過 BnkToTheFuture 眾籌服務平台出售了部分股權，拿到了 110 萬美元的融資。

2015 年 10 月，Factom 公司獲得了來自 Kuala Innovations 公司的 40 萬美元種子資金。Kuala Innovations 公司以每股 1 美元的價格購買了 Factom 公司

3.64% 的股份，共計 40 萬美元。此輪融資中，Factom 公司的估值達到 1 100 萬美元。

Kuala Innovations 公司聯席董事長吉姆·梅隆（Jim Mellon）在陳述中表示：「Factom 是極具潛力的，它將會從根本上解決企業業務中存在的商業問題。」吉姆·梅隆還說：「隨著銷售的成長，廣泛的開發者網路會集成更多的應用，董事會相信，由 Kuala Innovations 公司投資的這輪種子輪，對於 Factom 預期在 2016 年上半年完成的 A 輪融資來說，具有很大的意義。」

Kuala Innovations 公司對 Factom 公司的投資是 Kuala Innovations 公司第二次投資比特幣和區塊鏈公司。2014 年 12 月，Kuala Innovations 公司還為比特幣微支付創業公司 SatoshiPay 提供了 16 萬歐元（18.3 萬美元）的資助。

儘管 Factom 公司拿到的 A 輪融資不是在 2016 年上半年，但也相差沒有幾個月。2016 年 10 月，Factom 公司獲得由矽谷風投教父蒂姆·德雷珀（Tim Draper）領投的 420 萬美元 A 輪融資。

第11章
區塊鏈發展趨勢分析與預測

2016 年年初，華爾街巨頭投資銀行高盛發布報告表示，區塊鏈技術已經做好準備要顛覆這個世界。此前，高盛已經和 IDG 資本聯手向區塊鏈創業公司 Circle Internet Financial 投資 5,000 萬美元。自 2016 年以來，不僅是高盛，金融界其他巨頭也紛紛向區塊鏈技術拋出橄欖枝。投資者們為什麼蜂擁而至進入區塊鏈領域？是因為區塊鏈極具想像空間。區塊鏈雖然誕生於比特幣，但是拋開比特幣不說，區塊鏈具有的發展機會更多。

11.1
區塊鏈技術發展趨勢

> 　　區塊鏈有一個非常好的特性，它不會直接拋棄現有的基礎設施，而是在小規模、小面積改動的基礎上引進技術。可以說，區塊鏈的相容性是非常好的。基於這種相容性，區塊鏈與大數據、物聯網、人工智慧等新興領域深度融合。

11.1.1　區塊鏈與物聯網、大數據、人工智慧深度融合

　　在當前的網際網路時代，技術是基礎、場景是土壤、金融是催化劑，三者只有相互融合才能推動時代發展。而且技術的融合成本也是一個問題。

　　技術改革一般都會帶著歷史的遺留成本的，不可能從零開始做。以接受改革的金融企業為例，它在改革過程中的資料以及業務流不會中斷。而在區塊鏈受到眾人關注之前，物聯網、大數據以及人工智慧就已經是科技領域的三個巨頭，已經滲透到人們的生活中，這就要求區塊鏈與大數據、物聯網以及人工智慧可以很好地融合在一起。

　　在區塊鏈尚未誕生之前，物聯網可理解為大數據的來源，人工智慧作為大數據的後台工具，然後透過大數據驅動業務變革。現在，區塊鏈是如何與這三種技術融合的呢？

　　首先看區塊鏈與物聯網。物聯網就是物物相連的網際網路，實現設備與設備、系統與系統之間的民主和獨立。處於物聯網中的設備爆增是一種必然趨勢，有可能達到千億甚至兆或者更多。如此龐大的網路以中心化的代理通訊模式或者伺服器／使用者模式去管理的話，基礎設施的投入以及維護成本是無法估量的。

即使成本問題可以順利解決，中心化的雲端伺服器本身依然是一個瓶頸和故障點，這個故障點有可能會顛覆整個網路。從物聯網的當前環境看，雲端伺服器的這種顛覆性作用還沒有明顯表現出來，但是當人們的健康和生命對物聯網的依賴越發明顯時，這就顯得尤為重要了。

因為我們無法建構一個連接所有設備的單一平台，無法保證不同廠商提供的雲端服務是可以互通而且相互匹配的。而且設備間多元化的所有權和配套的雲端服務基礎設施將會使機對機通訊變得異常困難。

區塊鏈技術破解了物聯網的超高維護成本以及雲端伺服器帶來的發展「瓶頸」。區塊鏈可以透過數位貨幣驗證參與者的節點，同時安全地將交易加入帳本中。交易由網路上全部節點驗證確認，消除了中央伺服器的作用，自然就不需要為維護中央伺服器而付出超高成本。

區塊鏈與物聯網的結合可以建構一個物聯網網路去中心化的解決方案，從而規避很多問題。採用標準化 P2P 通訊模式處理設備間的大量交易資訊可以將運算和儲存需求分散到物聯網網路中存在的各個設備中，這樣可以避免由於網路中任何單一節點失敗而導致整個網路崩潰的情況發生。然而建立 P2P 通訊的挑戰非常多，最大的挑戰就是安全問題。

物聯網安全不僅僅是保護隱私資料這麼簡單，還需要提供一些交易驗證和達成共識的方法，防止電子欺騙和盜竊。那麼，區塊鏈帶來的解決方案是什麼呢？

區塊鏈為 P2P 通訊平台問題提供的解決方案是一種允許創建交易分散式數位帳本的技術，這個帳本由網路中所有的節點共享，而不是交給一個中央伺服器儲存。

區塊鏈分散式帳本是防篡改的，惡意犯罪分子根本沒有機會操縱資料。這是因為分散式帳本不存在任何單點定位，沒有可以被截斷的單線程通訊，可有效的避免中間商的攻擊。區塊鏈真正意義上實現了可信任 P2P 的消息傳

送，並且已經透過以比特幣為首的數位貨幣證明了自己在金融業的價值，不利用第三方仲介就可以完成 P2P 支付服務。

研究表明，區塊鏈將使物聯網中的設備實現自我管理和維護，省去中央伺服器高昂的維護費用，降低物聯網設備的後期維護成本。可以說，區塊鏈與物聯網的結合是天作之合，有了物聯網，區塊鏈獲得了更高品質的資料來源；有了區塊鏈，物聯網由中心化管理變成自管理。

再看區塊鏈與大數據。區塊鏈是一種透過去中心化和去信任的方式集體維護一個可靠資料庫的技術方案，這也注定了區塊鏈與大數據聯繫在一起是必然的趨勢。甚至可以說，區塊鏈的誕生是對大數據的重構。下面從五個方面看區塊鏈與大數據的融合，內容如圖 11-1 所示。

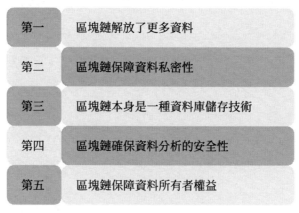

圖 11-1 區塊鏈與大數據的融合

第一，區塊鏈解放了更多資料。區塊鏈基於可信任性、安全性和不可篡改性解放了更多資料。例如，區塊鏈推進了基因定序大數據的產生。區塊鏈定序可以使用金鑰限制訪問權限，這種方式規避了法律對個人獲取基因資料的限制。另外，區塊鏈還使用分散式運算資源完成定序服務，成本非常低。區塊鏈的安全性為基因定序工業化提供了解決方案，推進了全球規模的定序

產生大數據，最終實現了更多資料的解放。

第二，區塊鏈保障資料私密性。全球大量高密度、高價值的資料都掌握在政府手裡，包括人口資料、醫療資料等。政府資料開放共享是必然趨勢，將會極大地推動整個社會經濟的發展。但是，政府資料開放共享面臨的一大難點和挑戰是保護個人隱私不受侵犯。

區塊鏈為政府資料在保護個人隱私不受侵犯的前提下開發共享提供了解決方案。這一解決方案主要利用了基於區塊鏈技術的資料遮罩技術。資料遮罩技術指的是透過雜湊處理等加密演算法在不訪問原始資料的情況下運算資料。

例如，基於區塊鏈技術的 Enigma 系統就是透過這種方式實現資料共享的。透過 Enigma 系統，公司員工可以開放可訪問其薪水資訊的路徑，而且無須擔心他人獲知自己的薪水資訊。當系統運算出群內平均薪水，每個參與者都可以據此分析出自己在群體內的相對地位，但是無法獲知其他成員的薪水。

第三，區塊鏈本身是一種資料庫儲存技術。一般來說，資料發展經過三個階段。在第一階段，資料是無序的，而且沒有經過充分檢驗;在第二階段，大數據興起，透過人工智慧演算法進行品質排序；在第三階段，資料採用區塊鏈機制獲得基於網際網路全局可信的品質。正是區塊鏈能夠讓資料進入第三階段。

當前的大數據還處於非常基礎的階段，而區塊鏈本身就是一種不可篡改的、去中心的、人人都可以參與記帳的資料庫儲存技術。區塊鏈將會使得資料的品質獲得前所未有的強信任背書，也使大數據的發展進入到一個新時代。

第四，區塊鏈確保資料分析的安全性。大數據因為資料分析才有了價值。在進行資料分析時，有效保護個人隱私和防止核心資料泄露是首先需要

解決的難題。例如，隨著指紋資料分析應用和基因資料檢測與分析手段的普及，眾人開始擔憂，一旦個人健康資料發送泄露，後果非常嚴重。

區塊鏈與大數據的結合將保證資料分析的安全。區塊鏈可以透過多簽名金鑰、加密技術、安全多方運算技術保證只有被授權者才可以訪問資料，而且進行資料分析時不能訪問原始資料。這樣個人健康資料既可以提供給全球科學研究機構、醫生共享，也可以保護資料的私密性。這一解決方案的提出將為未來解決突發疾病、疑難疾病帶來極大的便利。另外，區塊鏈上的資料品質極高，可以減少資料探勘分析中資料收集和清洗的成本。

第五，區塊鏈保障資料所有者權益。區塊鏈的誕生保證了資料生產者的資料所有權。對於資料生產者來說，區塊鏈可以記錄並保存有價值的資料資產，而且這將受到全網認可，使資料來源以及所有權變得透明、可追溯。

一方面，區塊鏈能防止仲介複製使用者資料的情況發生，有利於可信任的資料資產交易環境形成。資料與傳統意義上的商品有很大不同，具有所有權不清晰、可以複製等特徵，這也決定了仲介中心有條件、有能力複製和保存所有流經的資料，這事實上侵犯了資料生產者的資料所有權。這種情況是無法憑藉承諾消除的，也構成了資料流通的巨大障礙。當大數據遇上區塊鏈，資料生產者的資料將得到保護，仲介中心無法複製資料。

另一方面，區塊鏈為資料提供了可追溯路徑。在區塊鏈上，各個區塊上的交易資訊串聯起來就形成了完整的交易明細帳單，每筆交易的來龍去脈都會非常清晰，如果人們對某個區塊上的資料有疑問，可以回溯歷史交易紀錄判斷該資料是否正確，對該資料的真假進行識別。

當資料在區塊鏈上活躍起來，大數據也將隨之活躍起來。

最後看區塊鏈與人工智慧。人工智慧（Artificial Intelligence）是電腦科學的一個分支，是研究、開發用於模擬、延伸和擴展人的智慧的理論、方法、技術及應用系統的一門新的技術科學。人工智慧試圖了解智慧的實質，並生

產出一種新的模擬人類大腦做出反應的智慧機器。機器人、語言識別、圖像識別、自然語言處理和專家系統等都屬於人工智慧領域的研究。

區塊鏈 P2P 的驗證方式實質上是一種基礎協議，是分散式人工智慧的一種新形式。區塊鏈很有可能為人工智慧建構一種全新接口和資料共享模式。另外，區塊鏈與人工智慧有著相同的根與脈絡，一個是演算法革命，另一個是共享經濟模型。

區塊鏈目前還是一個早期的新興市場，突破傳統產業是一件困難的事情，可以從物聯網、大數據、人工智慧這些新興的科技領域開始。只有先易後難，首先完成一些案例積累，才能突破更多的場景，改變整個世界。

11.1.2 區塊鏈為智慧城市提供原動力

什麼是智慧城市呢？自「智慧城市」概念誕生以來，相關企業和研究機構、專家等紛紛對其進行定義和研究。智慧城市的定義主要包括下面三個核心點。

首先，智慧城市建設的主線是資訊技術應用。智慧城市是城市資訊化的高級階段，離不開資訊技術的創新應用，而資訊技術應用主要體現為物聯網、雲端運算、行動互聯和大數據等新興熱點技術。

其次，智慧城市包含諸多要素，各要素之間相互作用。智慧城市是一個複雜系統，包含資訊技術以及其他資源要素。資訊技術以及各資源要素優化分配並共同發生作用，使城市運行越來越智慧。

最後，智慧城市是城市發展的一種新模式。政府、企業和個人是智慧城市的服務對象。智慧城市的最終結果是變革、提升和完善生產與生活方式，讓人們的城市生活越來越美好。

現如今，智慧城市已經是國家級的策略規劃。作為經濟轉型、產業

升級、城市提升的新引擎，智慧城市體現了更高的城市發展理念和創新精神，有助於提高民眾生活幸福感、企業經濟競爭力，實現城市可持續發展的目的。

雖然現在智慧城市概念僅以智慧社區和智慧家庭的形式落地，還需要透過融資獲得快速發展，但是智慧城市概念類掛牌公司在新科技概念類公司融資中排名靠前，足以說明智慧城市概念類企業受到了投資人的追捧。可以預見，智慧城市概念類企業融資成功次數與獲得融資金額將會逐年遞增。

智慧城市的建立面臨一個亟待解決的問題，即如何在經濟發展的同時保證人口包容性。在解決方案的探討中，「區塊鏈」被人們廣泛提及。如果區塊鏈相關應用得以落地，它將會成為智慧城市的一部分，支援利用資訊和網路技術來影響城市的運作。

在智慧城市裡，任何聯網設備都相當於感測器，包括管道、路燈、汽車、手機等。但如果網路中只存在幾個少數的資料處理中心，一旦中心發生駭客入侵、服務中斷等問題，整個城市都將陷入癱瘓。

在 11.1.1 小節中已經討論過區塊鏈對物聯網的革命性影響。當基於區塊鏈技術的物聯網應用到智慧城市中時，商業區和居民區之間的網路將高效運轉。全球部分地區政府及機構已經建立了一些基於區塊鏈記錄核查和審計的基礎設施公司和諮詢公司，目的是提供城市基礎設施的連接以及即時資料智慧響應方案。

暢想一下智慧城市下的生活：出門在外，智慧終端幫助你輕鬆快捷地找到停車位；撥打急救電話，智慧醫療系統自動分析出你的位置，然後向你趕來；走進家門，智慧家居自動為你打開窗簾，根據你的心情調整燈光顏色……區塊鏈將加速這種生活的到來。

11.2
區塊鏈產業發展前景

2016 年是區塊鏈概念被不斷驗證的一年，而 2017 年，區塊鏈技術將從實驗室中走出來，進入真實的市場環境。區塊鏈是夠能夠真正服務於人類生活對區塊鏈產業來說是決定成敗的因素。從浮躁到淡定，區塊鏈產業將落到實處，在商業機構、政府和使用者的共同推動下實現商業價值，逐漸形成一個交易、監管和執行成本不斷降低的區塊鏈環境。

11.2.1 這是一場降維性經濟戰爭，財富轉移已成必然

「降維」的概念來自於劉慈欣的科幻小說《三體》，講的是太陽系之外的高等文明發明了一種叫做「二向箔」的武器可以將太陽系從三維降到二維，在人類無法適應二維的情況下，地球文明即將毀滅就成為必然。

如今，人們發現「降維」的概念在現實生活中也非常適用，所以「降維」從科幻走向現實，被很多業內人士所津津樂道。「降維」的表述非常形象，如果人類由三維降到二維就無法生存。如果一個企業從三維降到二維同樣無法生存。隨著網際網路的發展，很多企業發現自己失去了很多維度，對企業形成了嚴重的打擊。

想要改變已經形成的市場格局最好的方法就是降維，然後與之競爭。電子商務因為沒有地域的限制，所以競爭優勢很明顯，同時也對很多傳統的實體企業產生了很大衝擊。在過去，任何一個商場只要開在人流量很高的地區，生意就能紅火，在網際網路的打擊下，地域這個維度幾乎不存在了。

網際網路巨頭對營運商採取的「降維」競爭手段更是直接有效。社交軟體透過整合語音、文字和多媒體，為使用者提供了一個體驗優質的資訊互動

平台，營運商因此「降維」成一個傳輸管道。

由此可見，區塊鏈對現有經濟社會的打擊也具有「降維」特徵。在區塊鏈技術主導的世界裡，獲取所有服務的通路都處於同一個網路中，就像郵件一樣採用 P2P 的方式，從而省去加入第三方平台的繁冗手續。而且，這個網路中的資訊互動都是透過分散式運算引擎上運行的加密演算法自動完成的，從而不會受到任何個體或組織的控制。

當前，這種去第三方平台的假設依然沒有成為科技界主流的原因是顯而易見的，因為其競爭對手非常強大，它們常常透過免費模式吸引使用者，利用廣告或者使用者資料來變現，最後成為市場中的壟斷巨頭。然而，網際網路的發展讓公司、組織以及個人相互聯結在一起，直接進行交易而不需要借助第三方平台逐漸有了實現的可能。

這一次，區塊鏈最關鍵的技術，它將各種行動應用背後的複雜機制轉變為一個更完美的系統，幫助使用者預訂飛機票、訂車、訂酒店，順便提供幾首好聽的音樂。正如 P2P 基金會的核心成員以及都柏林聖三一學院的講師 Rachel O'Dwyer 所說：「區塊鏈創造了一種可信的數位貨幣和會計系統使人們就不必向聯準會這樣的集中式媒介求助。」

在區塊鏈系統裡，參與者之間可能互不認識，但是大家可以共享資料、共同決策、一起建設公開透明的系統。

有一些人已經開始研發替代第三方平台的區塊鏈解決方案，這場降維性經濟戰爭即將爆發。在以色列，La'Zooz 針對 Uber 推出自己的共享出行應用，並將其戲稱為「反 Uber」。La'Zooz 展望的未來場景是：無論你在世界上哪個地方需要坐車，你的電話就能幫你聯繫上附近想要與你前往同一個目的地的人。也就是說，La'Zooz 想要實現真正的「即時共乘」，而不是讓使用者供養一家開發了應用的計程車公司。

La'Zooz 已經在 2016 年裡推出了一個 Android 應用，並在以色列境內

進行了一個小型試點計劃。La'Zooz 的系統用自己的代幣 zooz 給司機付錢，而 La'Zooz 的司機透過允許該應用跟蹤自己的地理位置從而獲得 zooz 幣。La'Zooz 的開發者認為：「這種方法能夠活躍使用者，讓更加廣泛的人群接觸到 zooz。一旦搭車業務投入運作，人們就能直接用 zooz 幣來進行支付。」截至 2016 年 6 月，La'Zooz 的站點上的使用者還不足 1 萬人，廣泛分布在世界各地，但其未來發展潛力是巨大的。

La'Zooz 的軟體大部分都是由核心團隊成員開發出來的，雖然還存在缺陷，但他們依舊熱衷於區塊鏈概念本身。La'Zooz 以及其他相似的計畫讓我們看到去平台的服務和網路的確有可能成為現實，而且我們不需要任何中心平台機構。

La'Zooz 的核心成員之一 Eitan Katchka 稱：「我總是跟那些質疑我們的人說，如果回到 1993 年，你會怎麼跟朋友解釋電子郵件呢？」

非營利公共信託組織 XDI.org 的網路主席菲爾‧溫德利（Phil Windley）認為：「區塊鏈非常複雜，這是因為人們希望透過區塊鏈技術解決的問題也很複雜。回想一下 1980 年代的光景，當時的人們如果想要給一些電腦建立區域網的話，面臨的網際網路協議也是異常複雜的。當然，與區塊鏈相比，那些協議還是更簡單一些，但是在當時的技術背景下，那就與區塊鏈一般複雜。」

對於用區塊鏈技術建構去第三方平台的服務系統，菲爾‧溫德利感到非常興奮：「區塊鏈能夠讓我們把所有事物都納入系統，而不需要任何一家公司作為中間人。當然，公司不會因此全部消失，但是有了區塊鏈技術的應用以後，使用者就可以隨意更改提供商，所有的服務都能互用。代碼全部都是開源的，沒有任何一個特殊的組織可以獨占某些資源。有了區塊鏈以後，我們甚至有能力營運自己的伺服器。」

在區塊鏈引發的降維性經濟戰爭中，財富首先將會向下面三個方向轉

移。首先是區塊鏈產業革命性的產品或應用，包括「R3 CEV」區塊鏈聯盟、瑞波幣的發行與維護公司 Ripple Labs、以太坊等五家公司分別在交易結算、跨境支付、開源平台、非上市公司股權轉讓和採購平台等方面有所突破，並得到了投資者的青睞。

其次是區塊鏈產業的礦機和晶片生產商。數位貨幣礦機的製造主要在於專用晶片。

最後是研發區塊鏈技術的金融科技類上市公司。在這方面，大家可以關注金融科技類公司在區塊鏈領域的研究開發、參與或設立區塊鏈產業投資基金以及相關併購活動。他們都將會分享區塊鏈技術帶來的紅利。

11.2.2　巨額資金陸續注入，競爭日益激烈

從 2013 年開始，區塊鏈產業已經有比較大的投資進入，比特幣也是從這一年開始受到世界各國的關注。隨著時間推移，區塊鏈領域的投資也越來越多。到 2015 年，區塊鏈產業的投資金額達到 4.74 億美元，比 2014 年成長了 43.5%。截至 2016 年，區塊鏈產業吸引的投資總額已經達到 18 億美元。

從投資計畫上看，資金主要投向了數位貨幣領域，例如，挖礦、支付、交易平台等。從投資地區分布上看，大多數資金都投在了美國。

從全球來看，包括那斯達克、花旗、Visa 在內的金融產業大咖也向區塊鏈領域大把砸錢，他們聯合投資了一家區塊鏈初創公司 Chain，涉及金額高達 3,000 萬美元；花旗、摩根大通等金融機構還向一家區塊鏈初創公司 Digital Asset 投資 5,000 萬美元。各方都對區塊鏈表示出極大的關注度，區塊鏈技術將從一片巨大的藍海轉變為一片巨大的紅海。

區塊鏈紅海席捲全球的局勢已經基本建立，各種利好即將降臨，那些提前進入區塊鏈產業，提供建設區塊鏈經濟最原始資本的人，注定會首先品嘗到區塊鏈帶來的豐厚回報。如果你也準備征戰這一紅海，那麼你需要考慮下

面三個問題,內容如圖 11-2 所示。

第一	你是否足夠了解區塊鏈
第二	如何選擇區塊鏈的基礎設施
第三	區塊鏈項目的盈利模式是怎樣的

圖 11-2 準備進入區塊鏈產業的人需要考慮的三個問題

第一,你是否足夠了解區塊鏈。區塊鏈可以用於跟蹤任何承載價值的東西,包括金錢、股票、債券以及像房屋和汽車一類的資產。自 2015 年以來,越來越多的區塊鏈計畫出現在人們視野中。如果你對區塊鏈在市場和技術方面的表現感到懵懂,說明你對區塊鏈領域還比較陌生,那麼你還不能貿然進入區塊鏈領域。

要想分享區塊鏈紅海帶來的紅利,在早期市場中達到投資精、準、快,首先得搞清楚區塊鏈是什麼。目前,區塊鏈還沒有明確的、公認的定義,但是其顯著特性有六個,包括分散式、共同維護、唯一性、可靠、開源、匿名性。

區塊鏈技術應用的研發尚處於早期階段,而且同時涉及政治、經濟、社會、金融、法律、網際網路、物聯網、人工智慧、工業 4.0、大數據、雲端運算等多個領域,因此深入理解區塊鏈的概念非常重要。

第二,如何選擇區塊鏈的基礎設施。區塊鏈產業的發展依賴區塊鏈基礎設施,否則就會出現根基不穩的問題。作為進入區塊鏈領域的風險投資者,最大的風險和機遇就是對區塊鏈基礎設施的選擇。網際網路的基礎設施為個人電腦、智慧型手機、路由器、伺服器、交換器、防火牆等設備,而區塊鏈產業的基礎設施主要是實現價值創造、流通和儲存等交易行為的區塊鏈應用

系統。

　　截至 2016 年年底，區塊鏈技術已經有 8 年的歷史。在這段時間裡，很多區塊鏈應用系統還沒有來得及問世就直接夭折。統計資料顯示，當前公開運行的區塊鏈應有系統將近有 700 個，沒有公開的產業專用私鏈不到 100 個。在這種情況下，投資者可以透過三個指標判斷區塊鏈系統的價值高低，內容如圖 11-3 所示。

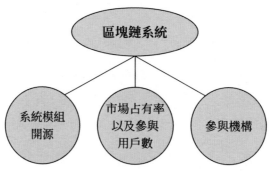

圖 11-3 判斷區塊鏈系統價值高低的三個指標

1‧系統模組開源

　　從原則上說，區塊鏈系統的模組都應該開源，就連私鏈也需要在聯盟內部開源。這是實現共識的基本要求，否則就違背了區塊鏈的初衷。

2‧市場占有率以及參與使用者數

　　目前，比特幣區塊鏈、以太坊區塊鏈以及有待觀察的 BTS 都達到了一定的市場占有率，有一定數量的參與使用者。

3‧參與機構

　　投資者可以重點關注麻省理工媒體實驗室以及 Linux 基金會所推出的「Open Ledger Project」計畫，包括 IBM、Cisco、VMware 等設備領域巨頭以

及眾多金融界企業都參與了該計畫。

第三，區塊鏈計畫的盈利模式是怎樣的。投資者看計畫最關心的就是盈利模式。對於準備進入區塊鏈產業的投資者來說，可以重點關注一下區塊鏈技術的應用場景和盈利模式。

由於區塊鏈誕生於比特幣這種數位貨幣，所以首先在金融領域中引起了轟動。除此之外，區塊鏈的應用場景還有很多。比如，區塊鏈永久儲存資訊並透過代碼進行產權確認、計量和交易的優勢可以用於產權登記場景。

面對區塊鏈技術，現有的網際網路巨頭們很難不亂了陣腳。因為區塊鏈的分散式帳本特徵改變了網際網路資料由中心控制者掌控的局面，動搖了網際網路公司的生存基礎。在區塊鏈發展的早期階段，投資者應當盡早布局，盡早進入區塊鏈紅海。

11.2.3 作為底層協議，注將洗牌多個傳統產業

區塊鏈是一種底層協議，代表著一種去中心化的思想。去中心化的思想在區塊鏈誕生之前就已經存在了。而區塊鏈技術本身是踐行去中心化思想的可行技術手段。下面從思想的角度出發，分析區塊鏈技術是如何與傳統產業融合，並為企業發展服務的。

傳統產業與網際網路產業不同，沒有太多前沿科技可以吸引大量的風投，也不擅長講故事。但是，傳統產業的發展和轉型升級都是他們透過腳踏實地的努力得來的，值得其他產業去學習。

從全局來看，區塊鏈與傳統產業的融合有兩種方式：一種是傳統產業＋區塊鏈；另外一種則是區塊鏈＋傳統產業。由於區塊鏈技術本身發展不夠成熟，市場上還不存在幾個區塊鏈巨頭公司，因此採用「區塊鏈＋傳統產業」的方式的可能性非常小。

因此，「傳統產業主動＋區塊鏈」是更實際的路線。傳統產業有自身的訴求，傳統企業的客戶也有自身的訴求，因此「傳統產業＋區塊鏈」不能為了技術而技術。區塊鏈技術是去中心化思想的踐行手段，最終應當為傳統產業和客戶創造新的價值，而創造價值的基礎就是解決傳統企業的痛點。

第一個需要解決的痛點是傳統產業的業務與區塊鏈技術之間缺乏一個橋梁。比如，一家物流公司對區塊鏈技術感興趣，但是不知道怎麼將區塊鏈技術應用在物流產業。

對傳統企業的決策者和管理者來說，區塊鏈技術是陌生的，而且技術原理也難以理解。另外，同產業根本沒有可以參考的成功應用案例，這是「傳統產業＋區塊鏈」需要破解的一大難題。大多數傳統企業的決策者可能都是這樣想的：我不用區塊鏈技術也能把業務做好，同行也都沒有用，那我為什麼要用它呢？這種想法是合理的。畢竟企業研發新技術需要投入資金、時間成本以及人力成本，還存在失敗風險。

因此，需要一個精通傳統企業整體業務，同時也能深刻理解區塊鏈技術的人來做傳統產業與區塊鏈技術的橋梁。這個人需要站在一定的業務高度和技術高度上，這樣才能找到一種為企業和客戶帶來應用價值的區塊鏈方案。

這個人尚未出現，或者說還需要很長的時間才能出現，這是必然的。任何新生事物從誕生到發展成熟都需要一個過程，這個過程是技術本身的自我蛻變過程。在這個過程中，新技術需要完成與市場的結合以及市場認知教育，隨著商業生態系統一同進化。

在未來，傳統產業會以哪種方式＋區塊鏈呢？從區塊鏈技術應用方式的角度來說，「傳統產業＋區塊鏈」的方式有兩種：一是以破壞性創新的方式建構新的基於區塊鏈技術的商業模式；二是以微創新的方式在企業內部可控的範圍內去應用區塊鏈。

無論是哪一種方式，最終的結果都應當是為企業客戶創造價值。如果

是傳統產業的成熟企業，最好的選擇是以微創新的方式去應用區塊鏈；如果是傳統產業的區塊鏈創業公司，最好的選擇是創新商業模式，切入具體細分領域裡。因為傳統產業是一個成熟的市場，存在大量的既得利益者，區塊鏈創業公司切入這個市場的難度和代價是非常大的，因此選擇第二種方式更好一些。

技術的演進是一個長期過程，在這個過程中，傳統產業裡的企業應當抓住顛覆性技術為企業和客戶創造新價值的機遇。在「傳統產業＋區塊鏈」的過程中，企業的決策者和管理者應當挖掘區塊鏈的應用場景，與核心員工一起學習和研究區塊鏈技術，掌握區塊鏈的思想。

區塊鏈技術還在持續進化。在這個多變的環境下，你的競爭對手往往不是來自同產業，而是全方位學習新技術，試圖透過降維競爭打擊你的人。

11.2.4　待開發應用領域多元化，網際網路金融領域大有可為

區塊連結構主要分為通用協議層、資料層、網路層以及應用層四個層次，每一個層次都蘊含著豐富的投資機遇和創業機會。

通用協議層主要包括隱私保護協議、職能合約協議等。區塊連結構的資料層主要包括非對稱加密技術、分散式資料庫等內容。

網路層應用的開發主要是做好相關的底層技術，為使用不同區塊鏈技術的人提供一個操作平台。比如，以太坊平台將不同的區塊鏈技術、不同的公司帳戶聚集到同一個平台上，讓他們在以太坊平台上更好地進行操作。

由於開發技術問題，網路層應用的創業是相當困難的，但是回報非常高。一旦創業成功，開發者就可以在上面做各種各樣的開發應用，並吸引大量的企業進行注資。對於產業來說，這也是非常大的機遇。目前，只有以太坊是一個成功案例，未來將會有更多企業獲得成功。

應用層指的是以分散式網路和分散式帳戶為基礎的各種具體應用。所有需要進行資料記錄的產業都可以使用區塊鏈技術來提升工作效率，降低成本，還將會創造一種新的商業模式。應用層的投資是典型的商業化投資，商業利益非常清晰。

從應用層來說，區塊鏈可以用於避免對單一中心的依賴，防止中心的道德腐敗；為金融機構提供跨境支付和外匯的解決方案，使結算效率低至 3 ～ 6 秒，比如 Ripple；降低銀行的交易成本，據風險投資者 Anthemis 報告，如果採用區塊鏈技術，到 2022 年以前銀行每年可以節省 150 億～ 220 億美元。

在談區塊鏈對網際網路金融的洗禮之前，我們先看看網際網路金融的產品形態。當前網際網路金融的產品形態多種多樣，下面從四個角度進行分類。

一是網際網路金融基礎性服務配套設施。網際網路金融發展的基礎性服務配套設施主要包括以大數據為核心的行銷、徵信、風控系統、以阿里雲為代表的雲端服務和雲端運算系統以及以網路支付為代表的三方支付系統。

二是網際網路化的傳統工具應用服務。網際網路化的傳統工具應用服務主要包括供應鏈金融系統、網路借貸系統、小貸系統、眾籌系統、三方支付系統、理財超市系統、大宗商品交易系統、股指期貨系統、貴金屬實盤系統、財經資料系統、線上博弈系統等。

三是「網際網路＋金融」的具體業態。「網際網路＋金融」的具體業態包括網際網路＋銀行、網際網路＋基金、網際網路＋券商、網際網路＋基金、網際網路＋保險等借助網際網路開展的新形態。

四是附屬服務。網際網路金融附屬服務包括應用安全檢測方面、金融資訊安全方面、門戶諮詢、不良資產處置、諮詢服務、法律、資產評估、會計事務所、審計、信用評級、公證與工商金融資質代辦服務等。

　　然而，這些都是現在的金融形態，當區塊鏈技術應用於網際網路金融，網際網路金融將建構一個「無須第三方仲介信任的理想國」。

　　關於區塊鏈在網際網路金融領域的應用，比起傳統模式，區塊鏈技術在股權交易領域的應用將會有更多優勢。

　　第一，數位股權憑證是一種創新的信任方式。股權轉讓將會因為獨特標識符和數位股權憑證的使用變得更加便捷，有利於增強股權的流動性。另外，數位股權憑證便於監管，也易於擴展支援股權交易的合規性。

　　第二，區塊鏈記帳方式使得股權交易透明，利於公司和持股人追蹤資訊。基於區塊鏈技術進行的股權交易將會產生新型的資料管理和共享。公司和持股人可以透過數位身分憑證在權限管理體系中讀取特定資訊。

　　第三，清算和結算行為更高效。利用區塊鏈技術進行股權交易具有多方協作的優勢，這種優勢使清算和結算行為更高效。

　　第四，安全性好、成本低。傳統股權交易系統安全性不好，為了保障交易安全，需要從資料庫、容錯、防火牆、運維等方面投入大量資金。而利用區塊鏈進行股權交易則可以保證安全，降低交易成本。

　　區塊鏈在網際網路金融領域的應用正在進入新的階段，各種區塊鏈應用將會越來越深入，網際網路金融領域發生的改變也會越來越受人矚目，然後形成一股極大的新潮流。最終，由網際網路金融領域形成的區塊鏈潮流將會影響其他各個領域，直至重新定義這個世界。

區塊鏈金術

比特幣 × 以太坊 ×NFT× 元宇宙 × 大數據 × 人工智慧，你必懂的新世紀超夯投資術，別再只是盲目進場！

作　　　者：吳為

封面設計：康學恩

發 行 人：黃振庭

出 版 者：崧燁文化事業有限公司

發 行 者：崧燁文化事業有限公司

E-mail：sonbookservice@gmail.com

粉 絲 頁：https://www.facebook.com/
　　　　　sonbookss/

網　　　址：https://sonbook.net/

地　　　址：台北市中正區重慶南路一段六十一號八
　　　　　樓 815 室

Rm. 815, 8F., No.61, Sec. 1, Chongqing S. Rd.,
Zhongzheng Dist., Taipei City 100, Taiwan

電　　　話：(02)2370-3310

傳　　　真：(02) 2388-1990

印　　　刷：京峯彩色印刷有限公司（京峰數位）

律師顧問：廣華律師事務所張珮琦律師

定　　　價：350 元

發行日期：2022 年 4 月第一版

◎本書以 POD 印製

國家圖書館出版品預行編目資料

區塊鏈金術：比特幣 X 以太坊
XNFTX 元宇宙 X 大數據 X 人工智
慧, 你必懂的新世紀超夯投資術,
別再只是盲目進場! / 吳為著 . -- 第
一版 . -- 臺北市：崧燁文化事業有
限公司 , 2022.04
　　面；　公分
POD 版
ISBN 978-626-332-299-8(平裝)

1.CST: 電子商務 2.CST: 電子貨幣
490.29　111004391

官網

臉書